东方新经济
DONGFANG XINJINGJI

日経テクノロジー展望2018 世界を動かす100の技術

黑科技
驱动世界的100项技术

日经BP社◎编　艾　薇◎译

U0222030

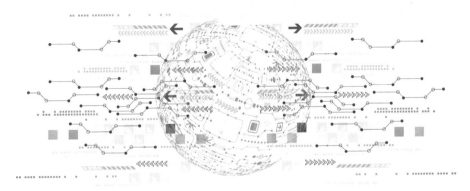

人民东方出版传媒
People's Oriental Publishing & Media

東方出版社
The Oriental Press

图书在版编目（CIP）数据

黑科技：驱动世界的 100 项技术 / 日本日経 BP 社 编；艾薇 译 . —北京：东方出版社，2018.8
ISBN 978-7-5207-0487-8

Ⅰ . ①黑… Ⅱ . ①日…②艾… Ⅲ . ①科学技术—普及读物 Ⅳ . ① N49

中国版本图书馆 CIP 数据核字（2018）第 150368 号

本书中文简体字版权由汉和国际（香港）有限公司代理
中文简体字版专有权属东方出版社
著作权合同登记号 图字：01-2018-3454

黑科技：驱动世界的 100 项技术
（ HEIKEJI QUDONG SHIJIE DE 100 XIANG JISHU ）

编　　者：日经 BP 社
译　　者：艾　薇
责任编辑：刘　峥
出　　版：东方出版社
发　　行：人民东方出版传媒有限公司
地　　址：北京市西城区北三环中路 6 号
邮政编码：100120
印　　刷：小森印刷（北京）有限公司
版　　次：2018 年 8 月第 1 版
印　　次：2021 年 6 月第 4 次印刷
开　　本：710 毫米 ×1000 毫米　1/16
印　　张：15.5
字　　数：214 千字
书　　号：ISBN 978-7-5207-0487-8
定　　价：69.80 元
发行电话：（010）85924663　85924644　85924641

序 "人机共存"、拯救世界

技术进步与文明进化息息相关，极大丰富了人们的生活。仔细回想一下，我们从什么时候开始已不再相信这句话呢？纵观20世纪，各领域的技术取得长足进步，人类的生活五彩斑斓；另一方面，人类制造出大规模杀伤性武器，战火无情地吞噬了整个世界。历经两次世界大战后，意识形态与社会体制的对立导致世界分崩离析。

冷战结束后，人们期待自由竞争的资本主义经济奠定新秩序基础，然而好景不长，恐怖主义、地区冲突接连发生，与21世纪初相比，眼下发生世界大战的可能性有过之而无不及。

技术进步一定给人们带来幸福吗？技术进步不可或缺吗？如果因为与"机械竞争"，肉体凡胎的普通人丢掉饭碗、贫富差距急剧扩大，我们还能置身事外、一味歌颂技术进步吗？当下欧美地区旧式反抗权柄的活动频频爆发，其本质就是反对、抵抗资本主义发展和所谓的技术进步。

技术进步本是好事，就连一时无法判断有益与否的基础技术成果，人们也都拍手称赞，"连连叫好"。时至今日，这种情况依然未变，奋斗在技术专业信息报道一线的日经BP社编者深有感触。

前沿技术以肉眼可见的形式丰富生活，拯救饱受折磨的病患，克服种种曾经"理所当然"的不便。现在，人们终于开始解决技术发展的负面问题。

新技术怎样将生活和行业发展引向正轨，技术如何辅助人们的日常生活，人类应该怎样规避竞争、实现"人机共存"、共同走向美好的未来呢？

带着这些疑问，日经 BP 社技术部主编与 200 多名专业记者反复讨论，最终完成了这部《科技展望：驱动世界的 100 项技术》。2017 年首次出版发行，此次为再版发售。

笔者坚持"用事实说话"，深入浅出地介绍了技术进步的现实价值和社会意义。打破国家界限，列举了各国各领域的尖端技术，日本"技术立国"的招牌今非昔比，笔者希望借助这些新技术，日本能再次崛起。

日本发明了许多新技术，依靠"技术兴国"丰富社会，为世界作出了卓越贡献，笔者衷心希望通过本书为全球进步略尽绵薄之力。

日经 BP 社首席执行董事、技术媒体部部长

寺山正一

目　录

第 1 章

技术融合推动再生

各项技术不断融合，人、生活、产业、地球环境……万事万物不断再生。本书收录了 2018 年之后的各种技术动向，介绍了技术对世界产生的深远影响。不同领域的技术兼收并蓄，互相改变，就连不少我们习以为常的商品、技术在吸收新技术之后都面目一新。

首句的结论其实来自一次技术展望主题活动——"技术影响力"。这次活动由敝社主办，邀请了 200 余名专业记者就电子工学、机械电子学、建筑、土木、医疗、生物、IT（信息技术）等各个领域的前沿技术进行采访报道，展望未来技术发展趋势，传递各种前沿信息。截至 2017 年，活动已经举办了 4 次。

本次活动中，技术杂志主编与专业记者们齐聚一堂，经过慎重讨论，最终确定了 2018 年之后的 11 项重要技术潮流。第 2 章中，各位主编将对 11 项技术潮流、69 种具体技术进行详细阐述。第 3 章中，专业记者们结合 52 项技术，对"最想了解的技术清单"进行深入浅出的剖析，本书一共收录了 121 项"驱动世界的技术"。

期待技术"承载生命之重"

请看表 1–1。在 800 位职场人士"期待的 2022 年技术"问卷调查基础之上，敝社的智库专家与日经 BP 总研（Nikkei BP Consulting，日经集团咨询机构）专家共同统计绘制了表 1–1。参加调查的 800 人分别是日经商业在线（Nikkei Business Online）、ITpro、日经医疗在线（Nikkei Medicine Online）、日经建筑（Nikkei Architecture）的读者。具体来看，从事"经营企划"类工作的人士约占 4 成，"研究开发、设计技术"类的约为 5 成，其余多是建筑、土木、医疗领域的专家。

各位读者可以参阅 2016 年版《日经技术展望——改变世界的 100 项技术》一书了解具体的调查内容。调查过程中,受访者被随机提问是否了解某些技术、期待程度如何,根据回答情况计算出加权平均分,最后汇总排行。

纵观表 1-1,可能大家首先会注意到,第 1 项、第 8 项—第 10 项都是"性命攸关"的技术。比如利用人体组织细胞治疗疑难杂症的"再生医疗"、通过免疫反应治疗癌症的"免疫检查点阻断剂"、进行血液与体液精确诊断的"液体活检"等,公众对各项技术满怀期待。

全新科技利用人体自身细胞和免疫系统功能唤醒人体潜能。文如其名,比如"未来手术辅助机器人"中包含了"辅助"一词,专指辅助医生诊疗的各种器械,与手术无关。

值得注意的是,这些医疗技术多是与其他领域新技术融合的产物。比如再生医疗就与精密工学密切相关;半导体制造装置行业看似每日在洁净室中与微观世界为伴,却已涉足再生医疗领域;研发药物的基因分析则离不开超级计算机。

表 1-1 2022 年技术期待指数排行榜

顺序	名称	得分(百分制)
1	再生医疗	86.8
2	AI(人工智能)	84.1
3	EV(Electric Vehicle,电动汽车)专用锂电池	83.8
4	IoT(Internet of things,物联网)	83.7
5	机器学习	83.4
6	基础设施监测	83.2
7	无人驾驶	82.4
8	免疫检查点阻断剂	82.3
9	液体活检	81.6
10	未来手术辅助机器人	81.3
11	LPWA(Low Power Wide Area)	80.7
12	网络远程诊疗	80.5

顺序	名称	得分（百分制）
13	SNS 灾害信息的灵活使用	80.3
14	智能治疗室	78.8
15	5G/ 网络切片	78.5
16	纤维素纳米纤维	78.2
17	微针技术	77.8
18	3D 打印	77.7
18	人工光合成技术	77.7
20	行驶充电	77.6
21	千兆位以太网	77.4
22	量子计算机	77.3
23	肠内细菌的利用	76.8
24	VR（虚拟现实）	76.6
25	ZEH（Net Zero Energy House）	76.6
26	老年人守护系统	76.4
27	AR（增强现实）	75.5
28	生物机器植入	75.4
29	虚拟发电厂（VPP）	75.3
30	非结构材料的抗震	75.2

出处：日经 BP 总研调查《经营革新与新技术应用问卷》，调查时间为 2016 年 11 月 29 日至 2016 年 12 月 16 日，《改变世界的 100 项技术排行榜》报告可以从日经 BP 总研网站下载

回到表 1-1，医疗领域以外的许多技术也与人类密切相关。"基础设施监测"关系到高速公路、铁道等社会基础设施再生，是土木工程与"IoT（物联网）"技术结合的产物，而 IoT 技术就是通过传感器远程监控和操控事物。

车辆与 IoT 技术的结合催生了"无人驾驶"技术，第 2 章中的"不会碰撞的汽车"得以成为现实，无人驾驶技术稳定又安全。无人驾驶技术与电动汽车（EV）密不可分，汽车行业期待全固体电池等"EV 专用后锂电池"技术实现突破。

还有大热的"AI（人工智能）"以及引发 AI 热潮的"机器学习"，该技术试图把人类的能力赋予计算机，目前人们正尝试将其应用于各领域。

交叉技术时代来临

想必各位读者已经从描述中感受到了本书的主题——"融合"和"再生"。几十年的成熟技术与问世不久的新技术交叉融合，互相影响。尽管时有问题发生，但是纵观漫长的技术发展历史，我们已经踏入技术融合的时代。

IT、AI 等数字技术可以与任何技术融合。金融领域的 IT 技术便是 FinTech（金融科技），农业领域的 IT 技术就是 AgriTech（农业科技）……这就是所谓的"X–Tech（交叉技术）"。IT 技术可以交叉应用，产业之间、技术之间、人与人之间也可以交叉融合。

人造物让世界更美好，技术的这种本质亘古不变。人类使用技术的历史悠久绵长，无论是人、产业，还是基础设施、环境等都出现了部分老化的情况，技术的融合推动万物再生。

商务人士该如何应对技术的融合与再生呢？答案就是"交叉"。经营者与技术者的交叉、不同行业的交叉、老牌企业与新兴势力的交叉、盈利企业与非营利组织（NPO）的交叉、世界与日本的交叉……

毋庸置疑的一点是，交叉始于对话。未来也希望更多的经营者与技术者、不同行业的技术人员可以开诚布公，加强交流。衷心期待大家将本书第 2 章中介绍的 11 种技术潮流、第 3 章介绍的重要技术成果作为对话的素材。

为了更好地帮助经营者与技术人员对话，本书特将研究开发、设计技术人员、经营企划人员选出的技术期待指数排行榜汇总成表 1–2 和表 1–3。两个表格内容大同小异，只不过商务人士更关注健康与安全，技术人员熟知各种技术课题，对基础设施检测、无人驾驶技术更感兴趣。

（日经技术在线主编　大石基之；ITpro 主编　户川尚树）

表 1-2 研究开发、设计技术人员选出的 2022 年技术期待指数排行榜

顺序	名称	得分（百分制）
1	基础设施监测	85.8
2	机器学习	85.2
3	AI（人工智能）	84.6
4	无人驾驶	84.4
5	EV 专用锂电池	83.8
6	再生医疗	82.7
6	未来手术辅助机器人	82.7
8	LPWA	82.0
9	微针技术	81.2
10	人工光合成技术	79.9
11	IoT	78.6
12	智慧健康检查系统	78.1
13	3D 打印	78.0
14	老年人守护系统	77.9
14	千兆位以太网	77.9
16	液体活检	77.8
16	SNS 灾害信息的灵活使用	77.8
16	网络远程诊疗	77.8
19	免疫检查点阻断剂	77.3
20	肠内细菌的利用	76.9
21	量子计算机	76.5
22	VR（虚拟现实）	76.2
22	智能治疗室	76.2
24	手势界面	75.9
25	光伏建筑一体化（BIPV）	75.6
26	多芯光纤	75.4
27	微型机器人	75.3
28	脏器 3D 打印	75.2
29	纤维素纳米纤维	74.6
30	服务机器人	74.5

出处：日经 BP 总研调查《经营革新与新技术应用问卷》，调查时间为 2016 年 11 月 29 日至 2016 年 12 月 16 日，《改变世界的 100 项技术排行榜》报告可以从日经 BP 总研网站下载

表 1-3　经营企划人员选出的 2022 年技术期待指数排行榜

顺序	名称	得分（百分制）
1	再生医疗	89.2
2	IoT	88.7
3	免疫检查点阻断剂	86.3
4	EV 专用锂电池	84.2
5	液体活检	84.1
6	AI（人工智能）	83.2
7	机器学习	83.0
8	SNS 灾害信息的灵活使用	82.9
9	网络远程诊疗	82.6
9	无人驾驶	82.6
11	基础设施监测	81.9
12	LPWA	81.8
13	5G/ 网络切片	81.5
14	行驶充电	81.1
15	纤维素纳米纤维	80.5
16	智能治疗室	80.4
17	智能体育馆	79.3
18	量子计算机	79.1
19	非结构材料的抗震	78.5
20	网络情报	78.1
21	木质房屋的振动控制	77.8
22	VR（虚拟现实）	77.7
22	未来手术辅助机器人	77.6
24	3D 测量	77.4
25	无人机	77.2
25	3D 打印	77.2
25	ZEH（零能耗建筑）	77.2
28	多芯光纤	76.4
29	AR（增强现实技术）	76.1
29	虚拟发电厂（VPP）	76.1

出处：日经 BP 总研调查《经营革新与新技术应用问卷》，调查时间为 2016 年 11 月 29 日至 2016 年 12 月 16 日，《改变世界的 100 项技术排行榜》报告可以从日经 BP 总研网站下载

第 2 章

驱动世界的 11 项技术潮流

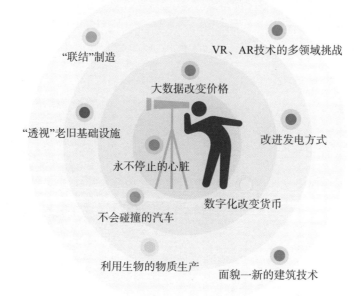

超越五感新设备

VR、AR技术的多领域挑战

"联结"制造

大数据改变价格

"透视"老旧基础设施

永不停止的心脏

改进发电方式

数字化改变货币

不会碰撞的汽车

利用生物的物质生产

面貌一新的建筑技术

图 2-1　2018 年以后改变世界的 11 项技术潮流

2018 年以后，各项技术将进一步融合，人、生活方式、社会基础设施、地球环境、各个行业发生巨变，不断再生进步。11 位专业主编将在本章中详细介绍今后技术融合再生的潮流。

图 2-1 浓缩了 11 项技术潮流的内容。每项的重要性不言而喻，下面按照健康技术，商品服务技术，人类活动必需的原料、能源、社会基础设施生产技术的顺序逐一进行展望，最后介绍改变产业、带来商机的技术实例。

● 永不停止的心脏：癌症与心脏衰竭是人类健康的大敌，预防心衰的医疗设备、全新治疗手段陆续出现，原本出于其他目的发明的形状记忆合金材料也开始用于心脏治疗。

● 大数据改变价格：根据消费者的商品或服务消费记录和活动轨迹实现"量体定价"。IT、AI 技术实现了海量数据（即"大数据"）的收集和分析，传统的保险、接待、住宿等服务业焕发新生。

● 不会碰撞的汽车：无人驾驶技术强化了汽车产品功能，开创了人类移动方式的新纪元。尽管还不是最终亮相，但是无人驾驶技术已经实现了高速公路、停车场行驶的阶段性突破。当然汽车 AI 技术的发展需要汽车厂商与半导体公司的密切合作。

● 数字化改变货币：借助 IT 技术的全新支付手段——"无现金支付"走进生活。尽管目前还无法预测哪种支付手段会最终胜出，但是现金大国日本必须严阵以待，更新支付体系，为金融机构与其他信息系统的对接扫清障碍。

● 利用生物的物质生产：生物物质生产发展迅速。基因组编辑等技术的出现为人类改变生物基因排序创造便利。生物生产技术有助于抑制塑料产品的过度消费，而塑料产品生产需要消耗石油等化石资源。

● 改进发电方式：减少 CO_2 排放是控制地球温室效应的重要课题，水力发电是减排的有效途径之一。水力发电历史悠久，曾一度被当作夕阳技术，随着小型化、低成本的技术进步，不少落差小的地方也开始水力发电。

● "透视"老旧基础设施：高速公路、桥梁、隧道等基础设备的老化问题迫在眉睫，同时人手不足、经费拮据等问题众多，小型无人机、IT 技术帮助人们检测内部老化和损坏情况，备受期待。

● VR、AR 技术的多领域挑战：说起 VR（虚拟现实）、AR（增强现实），人们可能首先想到那遮住整张脸的黑眼镜、娱乐游戏等。现实生活中，VR、AR 技术为人们提供了全新视觉体验，广泛应用于设计、配送、销售、广告、教育、旅游等领域。

● "联结"制造：除了信息领域，制造行业也在悄然改变。比如较为成熟的 FA（Factory Automation，工厂自动化）技术与 IT 科技融合，推动成立"智慧工厂"。而 3D 打印机除了打印树脂材料外，还可以在金属上"挥笔成画"。

● 面貌一新的建筑技术：建筑行业与生物学、电子工学、IT 等不同领域融合，碰撞出新的火花，人们发明了细菌自动修复混凝土裂纹等技术取得多项成果。为应对劳动力不足，施工现场的机械化程度也在不断提高。建筑空间价值的提高也离不开 IT 技术，文中具体介绍了几个国外案例。

● 超越五感新设备：以上 10 项潮流都与 IT、IoT、AI 技术密切相关。新一代传感设备、AI 专用处理器接连问世，两项技术融合，甚至可以代替人类去感知和理性思考。技术成熟后，人类的能力将得到极大拓展和补充。

（日经 BP 总研首席研究员　谷岛宣之）

一、永不停止的心脏
——预防心力衰竭的各种医疗设备不断问世

大滝隆行

日经医疗编辑部部长

时下，预防心功能不全（心力衰竭）的各种医疗设备和治疗手段陆续登场，活到 100 岁已不再是梦想。只要没有癌症、呼吸道堵塞、大出血等危急症状，保证足够的水分、营养物质摄入，心脏始终健康，人类就能长生不老。

新型医疗设备取代了心脏的部分功能，支架采用形状记忆合金材料，无需开刀手术，利用导管就可以轻松装进心脏，植入式人工心脏更是帮助不少患者术后恢复了正常生活。此外，合金、电磁领域的交叉技术研发也在不断取得进步。

不可否认的是，心脏治疗费用不菲。不少人也在质疑，是否"有必要为了给 100 岁的老年人续命到 110 岁而浪费巨额医疗费用？"现在也是大家共同思考问题答案的时候了。

1. 经导管主动脉瓣置入术（TAVI）[①]
帮助虚弱心脏脉瓣再生，从血管插入轻松操作

心脏向全身输送血液，由"水泵功能"的"4 个房间"（右心房、右心室、左心房、左心室）和防止血液倒流的 4 个瓣膜构成。随着年龄增长，心肌肥大、主动脉瓣钙化等问题接踵而来，泵血和瓣膜功能逐渐失常，不少人患上心力衰竭、重度心律不齐等关乎生命安危的恶性疾病。

近年来，业界逐渐认可导管治疗技术在修复"泵血"瓣膜方面的作用。

① Transcatheter Aortic Valve Implantation，以下简称"TAVI"。

心脏替代装置由细管从手脚血管送入人体，直抵心脏。导管治疗的身体负担小，辅助心脏功能再生。传统主流心脏治疗方式主要是开胸手术，暂停心脏功能后再安装人工心肺。

TAVI技术从欧美传入日本，日本具备手术条件的医院机构不断增加。通过导管将左心室和主动脉之间的"主动脉瓣"替换为医疗装置（如生物脉瓣），辅助瓣膜再生。

生物瓣膜主要用猪、牛的心囊膜制作，术前医生会用专业工具折叠瓣膜，填装进导管中。

瓣膜随患者主动脉瓣膜轮廓的形状均匀扩张并附着。采用"气球扩张法（Percutaneous Transluminal Coronary Angioplasty，瓣膜像气球一样在内部膨胀的方法）""自膨胀式支架（self-expandable frame，将形状记忆合金支架通过压握式输送导管送达病变处，解除固定后支架自动扩张，使血液畅通并对病变部位起支撑作用的技术）"治疗，可以有效防止瓣膜周围血液倒流。

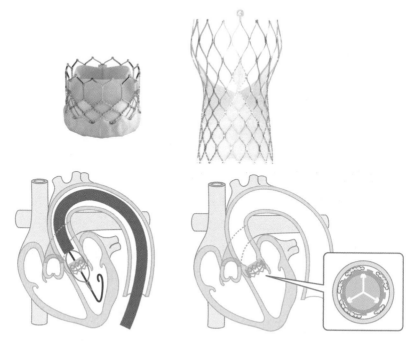

图 2-2　经导管主动脉瓣置入术（TAVI）使用的生物瓣膜支架（上）和安装示意图

2013 年，日本政府将 TAVI 技术正式纳入保险范围，3 年间约有 5000 名以上的主动脉瓣关闭不全患者接受了 TAVI 治疗；具备 TAVI 治疗条件的机构也从 3 年前的 8 所增加到了 100 余所。2016 年，爱德华生命科学公司（Edwards Lifesciences）、美敦力日本分公司（Medtronic）分别推出新产品，扩展了患者适用范围。

TAVI 技术的对象主要是无法接受开刀手术的患者。传统的主动脉瓣膜治疗方案大多选择成绩赫赫的外科手术，但是手术开胸的数十分钟内，必须暂时停跳心脏，患有并发症的 3 ~ 5 成患者并不适合这种方式。不适合手术的患者多为老年人，因为无法开刀，加之没有更好的治疗方案，不少人在几个月到几年时间内陆续辞世。

就术后 30 天的死亡率来看，TAVI 技术基本在 2% 以下，单瓣置换外科手术约为 2%，再开胸手术约为 7%。有专家认为，"TAVI 技术的受众人群多是高风险患者，2% 以下这个数字已经十分难得"。

2. 导管瓣膜治疗
夹合关闭不全的二尖瓣

左心房和左心室间的"二尖瓣"治疗设备也在如火如荼的研发之中，欧洲地区的导管瓣膜治疗技术逐渐用于临床，日本尚处于临床试验阶段。

为了治疗二尖瓣受损功能不全，可以将瓣膜的前尖、后尖用特殊装置夹起来，这个装置就是"MitraClip（二尖瓣钳）"。MitraClip 是雅培公司（Abbott Laboratories）的产品，2008 年在欧洲率先投入使用，目前已有 30 多个国家引进"MitraClip"治疗重度二尖瓣关闭不全，日本也在临床试验当中。

导管技术的最大优点是在心脏跳动的状态下直接修复受损瓣膜。治疗过程中，导管从心脏右侧经由心房间隔到达左心房、左心室，用 MitraClip 夹合二尖瓣前后尖，减少二尖瓣血液倒流。

过去，外科手术是治疗二尖瓣功能不全的首选。常见的手术方式是缝合前后尖中央部位，阻断血液倒流。但是对老年人、心脏功能低下同时患

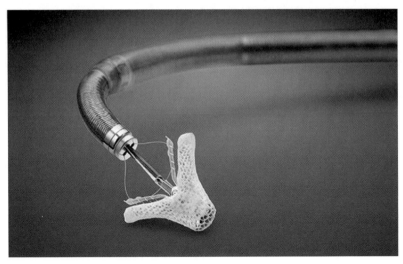

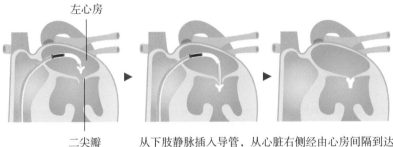

左心房

二尖瓣

从下肢静脉插入导管，从心脏右侧经由心房间隔到达左心房、左心室，夹合二尖瓣前尖、后尖，以减少二尖瓣血液倒流。［根据 *J Am Coll Cardiol*（美国心脏病学会杂志）.2011;57:529–37.绘制而成］

出处：雅培日本分公司

图 2–3　导管瓣膜治疗过程

有其他疾病，或曾做过手术的患者来说，手术死亡风险过高，还有不少人并不适合开刀。

　　有专家评价："尽管导管瓣膜治疗技术无法像外科手术那样完全阻断血液倒流，但是一定程度上减少了倒流、改善心脏衰竭症状，对不适合手术的患者来说，这是低风险治疗的有效手段。"

　　如果今后临床试验的结果理想，随着技术的不断进步，相信二尖瓣关闭不全的治疗范围也将不断拓展。

3. 无支架自体心包瓣置换术

世界首例自体心包生物瓣

医疗技术的发展开创了自体组织二尖瓣手术的先河。东京都榊原纪念医院心血管外科主任、尖端医疗研究室室长（早稻田大学客座教授）加濑川均教授与早稻田大学先端生命医科学中心梅津光生教授致力于瓣膜成形术的研究，发明了"无支架自体心包瓣置换术"。

"无支架自体心包瓣置换术"是利用患者自体心包膜进行置换，是心脏功能不全的有效治疗方法。术中剥离的心包膜现场被制作成生物瓣膜，随即重新移入体内，是一项全新的二尖瓣治疗方法。

手术时，固定在瓣膜成型环上自体心包膜的与左心室乳头肌缝合，因为形状酷似"正常（Normal）"的二尖瓣，所以自体心包膜也被称作"Normo瓣膜"。

十几年来，梅津教授发明的循环模拟系统获得多方好评，大阪大学的动物实验也验证了模拟系统的卓越性能，今后将进一步进行临床研究。

因为使用患者自体组织，"无支架自体心包瓣置换术"不会引发任

前沿医疗技术——二尖瓣置换术　　　　现行二尖瓣置换术

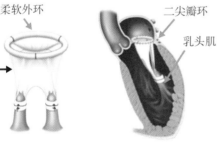  

柔软外环

自体心包膜

二尖瓣环

乳头肌

Normo瓣膜构造　　　　Normo瓣膜　　　　机械瓣膜
（无支架二尖瓣）

特征：维持二尖瓣环与乳头肌的连续性

出片：加濑川

图 2-4　"无支架自体心包瓣置换术"使用的"Normo 瓣膜"

何排斥反应，耐久性好。术后无需服用任何抗凝药物，不影响患者妊娠生育。

硅材料制作的瓣膜成型环质地柔软，与金属瓣膜成型环对比鲜明，极大减轻了对心脏和主动脉瓣的负担。相比高昂的人工瓣膜费用，自体心包生物瓣的费用亲民低廉。

日本国内每年实施约 9000 例二尖瓣手术，其中约有 5700 例手术适合使用"无支架自体心包瓣置换术"。

4. 冷冻消融
高频装置"大显神通"治疗严重心律失常

各种心脏疾病中，老年患病率高、危及生命的房颤堪称"沉默杀手（Silent killer）"。房颤是一种常见的心律失常疾病，心脏跳动失常，严重时还会影响正常供血。

之所以说房颤是"沉默杀手"，原因是它会导致心力衰竭，心房容易产生血栓，诱发心源性脑梗塞。即使患者瓣膜没有问题，只要有房颤症状，每年脑梗塞的发病概率就会达到 3%—9%，终生发病风险更是高达 36%。可以预见，随着日本老龄化进程加快，房颤引发的心源性脑梗塞病人将会不断增多。

"射频消融技术（Radio Frequency Ablation，以下简称 RFA）"是近年常见的房颤治疗方法。这种技术利用高频电流通过尖端的导管点状灼烧房颤发生部位——肺静脉入口，形成绝缘区域，以阻断、隔离电刺激回路，最终防止肺静脉电流传导到心脏。

最近，利用冷却到零下 45 摄氏度的气球导管冷却冻结肺静脉入口圆周部位的新技术——"冷冻消融（Cryoablation）"技术正式问世。

气球在左心房内膨胀后，可以准确贴合肺静脉入口部位，大大缩短治疗时间。与 RFA 相比，冷冻消融技术操作简单，方便医生上手治疗。

2016 年 4 月，"高频热气球"——利用高频装置将装有 70 摄氏度生理盐水的气球导管与肺静脉入口部位贴合，对相关部位进行一次性灼伤治疗

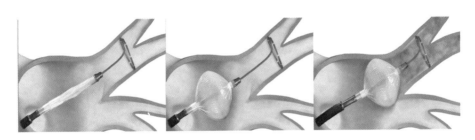

图 2-5 "冷冻消融"原理

的技术率先纳入日本医保范畴。气球大小可自由调整,"高频热气球"技术可以与各种肺静脉入口部位相吻合,精准治疗。

房颤一旦发病就无法彻底治愈,患者不得不终生服用抗心律失常药物、交感神经节阻断药和预防脑血栓的抗凝药。即使如此也无法完全控制症状,避开脑梗塞"恶魔",还有出血等副作用。

5. 左心耳封堵器

预防房颤引发的血栓

"左心耳封堵器"是解决房颤诱发血栓问题的新技术。

左心耳是左心房上突出的耳状结构,血液容易滞留于此处形成血栓。90% 以上的非瓣膜性房颤都发生在这一部位。如果将心脏上的左心耳封堵上,血栓就难以形成,这也是左心耳封堵器的发明原理。

目前全球有两家公司正在为进行左心耳封堵器的临床有效性实验做准备。一旦成功,患者将不必服用抗血栓的抗凝剂,这无疑给脑卒中高危风险患者提供了新的选择,备受期待。

现有的两种产品中,波士顿科学(Boston Scientific)公司的"WATCHMAN"装置在国外非瓣膜病房颤患者的栓塞随机控制试验中表现更加优异,甚至与华法林抗凝剂("Warfarin",香豆素类抗凝剂的一种)不相上下(确认非劣性)。

改变预后不良疾病的历史

新设备的问世改变了房颤这种预后不良疾病的历史。一些欧美国家的

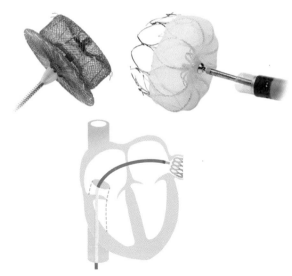

图 2-6　左心耳封堵器留置图

报告指出，利用冷冻消融技术治疗房颤，排除脑卒中发病风险因素，治疗后的存活率几乎与非房颤患者持平。专家评价道，"早发现、早治疗房颤，今后更加重要"。

6. 全皮下植入式心律转复除颤器（S–ICD）
无导线结构减少断线事故、消除感染风险

各种预防严重心律不齐、心力衰竭诱发猝死的医疗装置正在快速普及。"全皮下植入式心律转复除颤器（Subcutaneous Implantable Cardioverter Defibrillator，以下简称 S–ICD）"就是预防室性心动过速、房颤等致死性心动过速猝死的最新利器。

S–ICD 的主体留置在左侧腋窝皮下，皮下预留导线电极细通道，沿胸正中线的左侧边缘经剑状凸起肋骨留置主体发生器，整个过程中电极完全不经过血管。

S–ICD 与植入式心律转复除颤器（ICD）的效果大同小异。经欧美国家的临床验证，S–ICD 没有植入设备常见的菌血症、电极不全等困扰；而传统的 ICD 主体直接植入皮下，电极留置在血管内，术中、术后极易导致断线、短路事故，还会诱发感染、血肿等。

7. 无导线起搏器

超微结构植入心室，电流脉冲直接起效

治疗心动过缓的最新医疗装置——无导线起搏器表现抢眼，在窦房结功能障碍调整、改善房室阻断患者心率方面作用显著。经由导管将设备留置于右心室后，发生器前端电极通电后便可正常起搏（电流脉冲调整心跳）。

2017 年 2 月，日本国内正式批准美敦力公司（Medtronic）的 "Micra" 产品上市。此前 "Micra" 已经在 2015 年 4 月、2016 年 4 月分别获得欧洲、美国认证。

"Micra" 直径 6.7mm，长 25.9mm，体积 $1mm^3$，重 1.75g，大小约是普通起搏器的 1/10。使用专用递送导管，在腹股沟处插入大腿静脉，抵达右心室后即可固定在靠近心尖部的心室中隔位置，利用前端阴极与起搏器后部的黑色环状阳极间电极差维持起搏。

起搏器能够牢固固定在心肌上，这离不开发生器前端特殊形状记忆合金材料的功劳。

"Micra" 电池的平均使用寿命大约是 12.5 年，只适用于心房或心室单

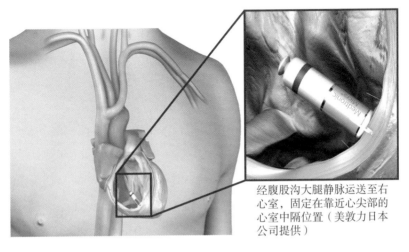

经腹股沟大腿静脉运送至右心室，固定在靠近心尖部的心室中隔位置（美敦力日本公司提供）

图 2-7　无导线起搏器留置示意图

腔起搏的情况，日本年均植入 60000 台起搏器，其中使用无导线起搏器的情况微乎其微。当然科学家也在抓紧研发两心室同时起搏的新设备，未来无导线起搏器必将成为主流。

"Micra"是全球第二例无导线起搏器，美国雅培公司研发了首个临床无导线起搏器产品（Nanostim）。该产品在 2013 年 10 月获得欧洲批准，日本目前还处于临床试验阶段，尚未正式获批。

8. 心脏再同步化治疗（CRT）模拟
因人制宜、刺激心脏不同部位

心脏向全身输送血液时，中度、重度心力衰竭患者因为左心室左右壁跳动不同步，影响正常送血功能，医学界大多选择在双心室安装起搏器的方法刺激左心室，改善收缩不同步的症状，这就是所谓的"心脏再同步化治疗法（Cardiac Resynchronization Therapy，以下简称 CRT）"。不过实际治疗时，CRT 法对 30% 的患者并不奏效。

东京大学的创业公司——UTHeart 研究所（位于东京世田谷，法人代表为久田俊明）针对这一问题研发了 UTHeart 系统，模拟患者 CRT 过程，预估治疗效果。

据杉浦清了董事长介绍，UTHeart 系统收集患者的 X 线、CT、MRI、心电图、心脏超声、血压等各种信息，"精密计算 2000 万个细胞发展、血液流动，利用计算机模拟患者的心脏状态"。有了 UTHeart 技术，医生可以根据患者的心脏形状、跳动差异确定刺激部位。杉浦清了表示，"UTHeart 模拟后，如果发现治疗并不奏效，医生就可以放弃这种方法。电流刺激的部位只有有限的几个选择，如果使用模拟技术验证无线电流刺激是否有效，也许能将不可能变为可能"。

目前此项技术已经应用到了十几例临床研究中，预测的心脏泵血功能改善数据与实际数据关联性强。未来，富士胶卷公司（Fujifilm，以下简称富士胶卷）的手术装置将会搭载这一模拟系统，2017 年计划开展临床试验，以获得医疗器械许可。

9. 植入式辅助人工心脏

重症心衰患者也可以长命百岁

药物疗法、CRT技术对扩张和收缩型重症心肌病患者并不奏效，植入式辅助人工心脏技术——泵体植入体内技术有望给这些患者带来福音。

辅助人工心脏由输送血液的远心泵、连接血泵和心脏的人工血管、驱动装置等几部分组成。

植入式辅助人工心脏分类如下：最常见的是转子转动、连续送血的"非搏动式"，也有模仿心脏输送血液、一次储存后由脉动流挤压送血的"搏动式"等等。

多安装于左心室。直接连接左心室心尖部的辅助血管与送血管，辅助提升主动脉功能。图2-8为安装于体内的植入式辅助人工心脏。体外型的血泵一般安装在体外。

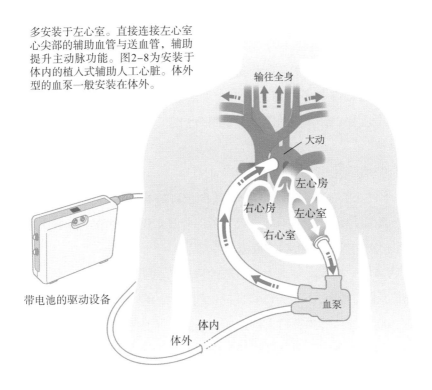

输往全身

大动

左心房

右心房

左心室

右心室

带电池的驱动设备

血泵

体内

体外

图2-8 辅助人工心脏示意图

最近问世的"DuraHeart"［泰尔茂株式会社（Terumo Corporation）］、"HeartMate"［梭拉特公司（Thoratec）］等产品采用"磁悬浮技术"，利用磁力推动泵内转子工作。因为新产品省去了接触轴等部件，血泵内不容易形成血栓，产品的使用寿命大幅延长。

植入辅助人工心脏后，患者就可以出院回家、安心静养了。以前的辅助人工心脏大多是"体外型"，驱动装置、血泵留置体外，是患者等待心脏移植的一个过渡，一旦使用，心脏将无法恢复自主功能，患者只能住院治疗。

不适合心脏移植患者的福音

长期以来，重度心衰患者只有心脏移植一条路。然而捐献者严重不足，适合手术的患者十分有限，如果植入式辅助人工心脏技术继续完善，上述问题将得以解决。

今后，辅助人工心脏技术还将造福糖尿病并发症、老年人等不适合心脏移植的人群，辅助重度心衰患者"居家治疗（Destination Therapy）"。

美国已经批准若干种辅助人工心脏产品作为长期居家治疗的医疗手段，用于不适合心脏移植的重度心衰患者治疗，今后将有更多高龄心衰患者接受移植。

设备费用昂贵、"成本效果分析"时代

"永不停止心脏"技术和治疗方法的出现造福了患者，但是高昂的价格也令人望而却步。我们不能忽视天价医疗导致医疗费用一路飙升，更有必要讨论"成本效果分析"的价值。

举例来说，植入式辅助人工心脏的价格超过1千万日元。缺血性心肌病、重度心衰患者中，不少人已经试过长期药物治疗、搭桥手术等各种方法，倘若为100岁的高龄患者植入辅助人工心脏，从技术层面来说，患者的寿命完全可以延长到110岁。就算医保能覆盖辅助人工心脏术后长期居家治疗，但是社会也无法承担这种无休止增加的医疗费用。

导管治疗装置价格高昂。比如经导管主动脉瓣置入术（TAVI）的医保报销价格大约是465万日元，再加上住院费用，医疗费共需要600万日元左右。相比普通主动脉置换外科手术 300 万—400 万日元的费用，TAVI 增加了 1 倍之多。

日本中央社会保险医疗协议会（Central Social Insurance Medical Council，以下简称"中医协"）将 TAVI 手术的高昂费用纳入讨论议题，TAVI 设备也入选 2018 年诊疗费用改革再核算目录，中医协费用效果评价分会也将重新对其进行"成本效果分析"。

二、大数据改变价格

——"因人定价"成为现实

市嶋洋平

日经大数据主编

"您全年驾驶状况安全良好，汽车保险费用相比去年为您降低两成。""您的健康年龄比实际年轻 5 岁，人寿保险费用每年便宜 4000 日元。"2018 年起，随着大数据技术的广泛应用，商品、服务"因人定价"的时代即将拉开帷幕。

行为习惯、身体状况、爱好、信用情况……收集此类个人数据，利用人工智能（AI）技术对这些数据进行全面分析。大数据技术为保险、金融、酒店等传统行业带来了"第二春"。

另一方面，我们也必须正视各种问题，完善数据流通体系，保护个人信息，规范个人数据的使用。

◆ 车联网保险

驾驶操作数据决定保险金额

驾驶员安全行驶，保险金额就会打折，车联网保险（telematics insurance）已经走进人们的生活。"车联网"是将车辆连入网络、提供各种服务的技术。保险公司利用通信技术收集车速、刹车、油门等驾驶操作数据，分析结果并对保费进行调整。

丰田公司计划在 2019 年前，为中、日、美三国销售的车辆统一配备通信设备。车辆通信环境的改善将带动车联网保险市场迅猛发展，根据驾驶数据调整车险金额。

爱和谊保险有限公司（Aioi Nissay Dowa Insurance）计划 2018 年正式

推出浮动型车联网保险。结合驾驶员的月度驾驶数据，参照现有车保等级标准确定保单金额。以每年行驶 2 万公里为例，保险价格最多相差 20%。

日本兴亚财产保险有限公司（Nipponkoa Insurance）也计划从 2018 年 1 月开始推出新产品，分析驾驶数据，为"安全驾驶打折"，折扣最多相差 20%。公司利用自主研发的智能手机导航应用"Portable Smiling Road"收集驾驶数据，衡量驾驶员的驾驶水平。应用兼具驾驶诊断功能，根据手机感应设备收集的各项数据，从油门、刹车、驾驶、环保四个方面为安全驾驶程度打分。

前者利用车载设备、后者则用手机应用收集驾驶数据。保险公司还可以参考车辆加减速、转弯的操作习惯与事故概率的联系，周密分析后确定折扣力度。

2015 年 3 月，爱和谊保险有限公司收购了英国知名保险公司（Box Innovation Group，以下简称"BIG"）。BIG 旗下的 Insur The Box（以下简称"ITB"）保险公司为高保费的年轻消费者提供预存车辆保险服务。消费者提前支付一定公里数的保金，减少超速、急刹车等危险操作就可以获得额外"里程奖励"，保险覆盖的里程也随之变长。2010 年 5 月上市后，销量高达 50 万份。

据公司方面介绍，已签约产品的累计行驶里程已经超过了 50 亿公里。

图 2-9　联网车辆增多

利用收集的大量驾驶和事故数据，公司还将开发更加精密的算法，计算驾驶操作反馈型车险保费。

◆ 大数据时代的健康保险

智能手机收集健康数据

各大人寿保险公司接连推出大数据寿保产品，2018 年以后将有更多产品上市。

第一生命集团（The Dai-ichi Life Insurance Company）旗下的 Neofirst 生命保险公司推出了新产品"Neo Health Yell"，按照用户的健康年龄、而非实际年龄缴纳保费。用户因为癌症等常见的 8 种生活习惯性疾病住院后，保险公司还会赔付临时住院补助。用户每 3 年签约一次，签约时根据体检结果确定"健康年龄"，年龄不同，费用也各不相同。

举例来说，一位健康年龄是 50 岁的男性，他每月需要支付 2722 日元的保费，而如果健康年龄降到 40 岁，每月的费用只需要 1782 日元。据介绍，健康年龄年轻 5 岁，患上生活习惯病的风险将比同龄人降低 2—3 成。

为了准确计算健康年龄，Neofirst 生命保险公司使用瑞穗第一金融技术公司（Mizuho-DL Financial Technology）的精密技术，结合日本医疗数据中心存储的 160 万份体检报告和诊费明细单（Rezept）海量数据计算分析，当然正式计算前，用户还需要补充 BMI、血压、尿液检查、血液检查等数据。

一般来说，大数据保险的计算主要参照 3 年一次的体检结果，各家公司也在陆续研发新技术，比如健康生活的手机 APP 等，实时获得消费者的健康数据。

2014 年，法国安盛公司（AXA）上线"Health U"APP，向签约客户提供健康管理服务。结合用户的作答情况，"Health U"划分健康程度、参与积极性的等级，共有 9 级。此外，根据用户的身体状况，"Health U"还会发出温馨提示，比如"外出用餐不要忘吃沙拉哦""每天最多吃 3 口甜食"等。应用还能自动测算每日步数，与好友"一较高低"。

日本生命保险公司（Nissay Group）与 Mapion 公司共同开发了一款

名为"aruku&（あるくと）"的软件，为用户提供个性化的"健康 support mile"服务。

AI 技术也开始应用于保险行业。明治安田生命保险公司（Meiji Yasuda Life Insurance Company）与手机减肥应用公司 FiNC 合作，为中小企业的健康经营保驾护航。用户用这款"私人 AI 教练（Personal Coach AI）"软件记录并管理步数、体重、睡眠、饮食等日常生活数据，切实保障员工身体健康。除了生活轨迹外，软件还会根据体温、血压等生命体征提出各种建议。FiNC 公司由明治安田生命保险公司、第一生命集团共同出资成立。

◆ 积分借贷

参考 SNS 状态确定信贷额度

积分借贷（Score Lending）专指根据顾客各项数据决定信贷额度和利率的融资方式。

瑞穗银行（Mizuho Bank）与软银（Softbank）联合出资创建了 J.Score 公司，主要从事积分借贷业务，已于 2017 年 9 月正式营业。

J.Score 公司参考的数据包括个人信用、家庭成员情况、与软银及瑞穗银行的业务往来、SNS（Social Networking Serivces）活跃度、爱好及性格测试结果等。

公司利用 AI 技术分析以上数据，结合用户的思考方式、行动特征等得出最终分数，参照得分确定额度和利率，当然用户也可以查询得分情况，手机操作即可轻松完成。

不少新兴的银行也尝试用大数据分析方法拓宽融资渠道。有趣的是，某些公司还会对申办业务时的面部照片、签字笔体"大做文章"，研究签名工整的人是否按期还款等。

大数据分析技术在中小企业融资领域崭露头角。小型企业很难获得融资，如果将它们纳入借贷范畴，融资市场将会大幅拓展。

2017 年 10 月，欧力士集团（ORIX Corporation）携手自己集团旗下公司弥生（Yayoi），借助大数据财务借贷模型，正式进军融资行业，专门成立了新公司"ALT"负责相关业务。

据 ALT 公司事业部高级经理池田威一郎介绍,未来公司的目标是"5年后开拓 5 万用户,完成高达百亿日元的融资"。公司将弥生公司财务软件每日收集的各项业务数据与借贷模型进行对照,分别确定每笔借贷金额和利率。借贷模型是欧力士与 d.a.t 公司结合现有技术和 AI 技术共同研发的。

ALT 融资公司自成立以来,大量收集用户交易数据,努力提高借贷模型精确度,未来还考虑引入专利转让收入等更多外部数据,目前公司已经与千叶银行(Chiba Bank)、福冈银行(Fukuoka Bank)、山口金融集团(Yamaguchi Financial Group)、横滨银行(Bank of Yokohama)建立业务合作关系。

视线转向美国,面向中小企业的大数据融资市场不断扩大。移动支付软件公司 SQUARE 日前推出了基于交易数据的预支服务"Square Captial",2017 年 1—3 月,用户人数突破 4 万大关,金额达到 2.5 亿美元,同比增长 64%。

住信 SBI 网络银行等金融机构,Money Forward、Freee 等云端财务软件公司、亚马逊资本服务公司、乐天信用卡等电商企业纷纷加入大数据借贷行业。今后各种参考数据不断完善,市场有望进一步扩大。

◆ 动态定价

参照需求浮动房价

同样的酒店,不同的房价,有人欢喜有人愁。日本某比价网站曾经推出的这则广告一时间引发热议。对于住宿服务提供方酒店来说,比价网站虽然带来了大量客源,但是也加剧了行业的低价竞争。

"动态定价"是服务方使用大数据技术,摒弃传统的低价竞争、以浮动定价方式提供优质服务的新概念。

2018 年开始,旅行网站 Jalan.net 的运营公司 Recruit Life Style 推出名为 Revenue Assistant 的新服务。根据市场环境和网站已有大数据来预测顾客需求,优化定价。

Recruit Life Style 公司电子商务部旅游单元企划人员宫田道生介绍说，"数据科技向服务方提供定价参考，包括预订预测、同区住宿需求等，当然最终定价还是由酒店自行确定"。

如果需求旺盛，酒店可以在快要满房时调高价格；相反情况下，为了避免大量空房，酒店可以调低价格。

美国爱彼迎（Airbnb）先发制人

美国最大的民宿预订平台——爱彼迎（AirBed and Breakfast，以下简称"Airbnb"）率先行动，平台房价每天各不相同。不过决定房价的不是房东（host），而是机器学习自己计算出的算法。

Airbnb 向房东提供定价软件 Smart Pricing，房主输入最高房价、最低房价、接待人数 3 项，Airbnb 根据算法自动优化定价。产品经理卡尔·贝利卡诺（KarlPellicano）介绍说，"对房东来说，定价是头疼的大事，既要收集各种信息，还得每天更新价格，所以我们（推出这款软件）省去麻烦，帮房东实现收入最大化"。

Airbnb 着重考虑住宿需求、地点位置、房间条件这 3 项价格弹性浮动要素，合理定价，最大程度增加收入。价格弹性浮动是房价受需求影响而上下浮动的差额。

Airbnb 公司的数据科学家巴尔·伊弗拉（Barr Ifrah）表示，"在影响房间定价的诸多因素中，价格弹性浮动比需求走向更加重要"。

条件好、价格上浮对需求影响不大时，网站会按照需求适当涨价。而条件一般、休闲为主的房间，如果价格上浮，消费者很可能转而选择其他城市或其他房子，涨价严重影响需求。

Smart Pricing 的算法运用数百项数据预测住宿变化和价格弹性浮动。这些算法都是机器学习的产物。机器学习的数据对象多达数十亿，模型特征也有几十万种，Smart Pricing 高级软件工程师张力（音译）表示，"预测过程没有任何人为因素干扰"。影响住宿的大型庆典都是软件预测时的重要参考数据，人为操作则难以记录这些活动日期。Airbnb 排除人为因素干扰，以天为单位，准确管理平台数百万登记房屋的价格。

◆ 机器学习制定最优定价

棒球比赛票价每日变化

2017 年 7 月开始，雅虎（Yahoo）与福冈软银鹰（Fukuoka SoftBank Hawks，日本职业棒球队）比赛的网络售票中部分引入机器学习技术，优化票价体系。

图 2-10　棒球比赛票价随日期浮动

9 月的某天，登录雅虎电子票务平台 PassMarket，您可能会发现软银主场比赛的 S 指定席一垒一侧前方区域票价从 4500 日元至 7000 日元不等，价格差异明显。

传统印象中，棒球比赛各区域的普通座位一般都是统一定价、先到先得。现在这种情况正在悄然改变，同一区域的抢手场次、抢手座位票价上浮。尽管只有部分平台采用，但这无疑打破了传统的票务销售模式。

影响因素包括双方战绩、选手是否打出"2000 支安打（日本专业棒球名球会的入会条件）"、投手、剩余场次等。

雅虎票务部产品销售部长稻叶健二在接受采访时表示，"同级别的位置也有价值上的差别，希望大家可以买到称心如意的席位"。优化价格的体验销售已经在 2016 年上线。

平台评估每排座位的价值，座位不同，定价也各不相同。定价的参考数据与 2017 年基本一致，价格浮动大约在几百日元之间。根据排数不同，原来 9000 日元的门票可能上调到 9900 日元，而随着比赛的临近，价格也有可能再次上涨 500 日元。如果需求低迷，网站也会下调价格。

◆ **数据交易市场**

个人、企业间的数据交易

在大数据技术、数据分析创造出新价值的当今时代，从外部收集海量数据的社会氛围也愈发浓郁。为了适应潮流的发展，个人与企业、企业与企业间的数据交易市场也陆续出现。

初创企业成立数据交易平台，供买卖双方开展交易；大型企业也积极涉足数据交易。

Every Post 就是日本 EverySense 公司研发的个人与企业间交易数据的手机应用。用户下载程序后，提前设置愿意出售的传感数据，比如位置、加速度、方位、步数、气温、气压等。所有的注册用户都会收到数据购买公司提供的"菜单"，里面详细记录着各种交易项目和条件。

三个月的位置数据价值 500 日元

下面我们来看一个"菜单"的例子：（通过智能手机）每 10 分钟提供一次位置数据，并且公开自己的出生年月日和性别等，提供 X 次数据即可获得 Y 点积分。

看完"菜单"的用户如果点击同意，就可以通过智能手机传感器出售自己的位置数据了。

提供数据后，用户就可以根据"菜单"的规定获得 EverySense 积分，积分积累到一定程度后可以换成现金。为了纪念应用程序上线，EverySense 公司在菜单中表示，连续提供三个月感测数据的用户即可获得 500 日元的等价积分。

个人与企业、企业与企业间的数据交易不仅限于智能手机的数据，还扩展到了 IoT 设备所收集的数据。2017 年 10 月，数据交易价格得以正式确定。EverySense 公司等机构并不拥有数据，它们只是数据买卖双方的中介。EverySense 公司 CEO 北田正己解释道，"为了保证交易的中立性，我们绝不干预定价"。

另一方面，从 2017 年 1 月起，日本数据交易所（Japan Data Exchange）开始试运行"目录网站"，网站上主要刊登各种企业的数据需求。交易所由森田直一社长创立，森田本人此前从事市场营销、数码智能与数据工作，曾在三菱商事公司工作。

从名字可以知道，目录网站主要提供各种数据目录，方便用户购买数据商品，当然网站也充分考虑了标价、权限处理等交易影响要素。

为了方便交易，企业在注册时需要填写 50 多个必要问题。森田直一社长在接受采访时表示，"经营企划、法务等企业的不同部门，以及学术研究团体要确认的数据信息各不相同，所以尽可能地输入更多信息可以促进交易方便开展，加快数据流通"。

企业与企业间的数据交易往往要花费更多时间才能达成一致条件和价格。我们很难了解什么企业掌握哪些数据，"目录网站"是解决问题的新途径。

健康数据流通纳入视野

致力于健康信息学研究的东京大学研究生院教育学研究科的山本义春教授成立了保健 IoT 财团（Healthcare IoT Consortium），旨在通过产学结合的方式规范健康数据流通技术，夯实产业基础。"2018 年前完成标准化平台设计，希望 2020 年正式投入运营"（山本教授）。

财团计划将匿名处理的健康数据收录到"信息银行"中，由"信息银行"统筹管理。银行出售数据给有需求的公司，用于技术研发、产品开发、营销等。使用方支付等价的报酬，经由银行支付给提供者。

信息银行是政府主导的机构，有利于数据提供方，促进数据使用，提高数据社会价值。此外，人们还提出了"个人数据商店（PDS）"的构想，个人可将数据存储在服务器或终端设备，指定数据提供对象。数据的进一步流通将为数据收集者、所有者带来难以想象的全新价值。

大型企业也加入数据交易阵营

大型企业的动向方面，手机运营商 KDDI 已经率先提供数据销售服务。KDDI IoT 云端数据市场在 2017 年 6 月全面上线。

销售的数据包括最新店铺信息、采购信息（TrueData 提供）、未来人口浮动、访日外国游客动向分析数据（Nightley 公司提供）等。数据的价格从数十日元起，但"为了有效利用，很多公司大多整合购买整个区域和区间的数据，单笔买卖的价格从数万日元到数百万日元不等"（KDDI）。

除了数据之外，KDDI 公司还提供各种分析工具，向用户有偿提供与GIS（地理信息系统）日本公司共同开发的商圈分析工具。

KDDI 公司方面表示，"各种产业都在提供 IoT 服务，我们积累了很多经验，了解怎样分析数据才能最大限度创造价值，我们将把这些经验都应用在数据市场上"。

提到大数据收集，不能忽略欧姆龙（OMRON），它在数据交易市场表现活跃。不过欧姆龙自身并不参与市场的运营或交易，只是提供、利用传感数据，向交易市场经营者提供左右交易的专利技术等。

Senseek 技术（专利第 5445722 号）通过导出提供方、利用方的数据元数据，帮助双方配对，促进交易进行。

"传感器种类＝彩色图像""传感对象领域位置＝京都车站前""传感数据价格＝××日元""利用用途种类＝学术／商业目的等"，这些是元数据的具体例子。

欧姆龙公司技术知识产权总部 SDTM 推进室长、业务骨干竹林一介绍说，使用专利技术的"处理引擎原型已经完成"。欧姆龙公司还积累了多种数据收集传感器技术，"可以考虑从多个企业获得多个收集数据的传感器"（竹林）。

受数据交易高涨的影响，2017 年 10 月，数据交易市场的民间团体已经正式成立。在欧姆龙、EverySense 两家公司的号召下，十家公司踊跃参加。

该团体主要讨论数据交易经营者运营的自主性规则、业界数据合作、如何推动数据提供和交换等。必要情况下，团体今后还将研究制定行业标准和国际标准。

如何应对公众对侵犯隐私的质疑

推动大数据应用、促进数据交易的过程中，最大的阻碍莫过于个人信息的保护。2017 年 5 月，个人信息保护法修订版正式生效，个人的相关信息在一定程度匿名化后可以转让给第三者。此前含糊不清的个人信息、身体特征、识别符号（号码）等作为个人信息的范畴拿上台面。例如，明确定义身体特征包括脸、指纹、DNA 等个人数据。

软银迅速应对匿名信息的加密要求。在网站上登载了关于利用匿名加密信息的公开政策，"公司内部也加强要求"，具体公布了数据的定义、加密方法、使用目的、管理方法、停止使用的手续等。提供对象仅包括："（1）灾害对策、地域振兴等公共目的；（2）业务伙伴；（3）规划或实施其他对签约方有益的政策。"

软银等通信公司涉及手机定位信息的匿名化，这与通信保密条款有关，日本总务省（主要负责行政组织、公务员制度、地方行财政、选举制度、信息、通信、邮政、统计等业务）正在计划制定电力通信事业行业的指导大纲。软银回应说："我们要充分考虑今后信息整合和评价的风险，以及完全匿名化后可以利用到什么程度，慎重确定服务内容。另一方面，有汇报说使用深度学习等最新技术可进行个人再识别，今后一定要更加谨慎。"

2017 年夏天，札幌市放弃了原本计划实施的实验测试。最初政府计划在一条长约五百米的地下步行街，通过指示灯、照相机等收集人流和属性信息（性别、年代等）。原计划 3 月份确定感应设备，8 月、9 月安装传感器、数字显示设备和摄像机等。

结果虽然 3 月份顺利在地下步行街的北二条广场安装了数字标牌，摄像机的安装工程却迟迟未能落实。理由是 2 月 28 日的北海道报纸刊登了《札幌市计划开展"人脸识别实验"》《可能滥用个人信息》《严格管理公共空间的使用》等报道。看了报道的札幌市民几乎打爆了咨询电话。3 月 22 日的市议会上，市政府表示将中止安装摄像机，23 日北海道报纸马上发表了题为《"人脸识别"实验"流产"》的报道。

札幌市城市建设推进室的负责人表示："其实夏天的实验并不包括人脸识别，但是无论怎么说明，市民们都表示无法接受，时间一天天拖下去，有可能影响实验正常进行，所以我们只能放弃摄像机，改为安装触摸屏向

图 2-11 关注公众对侵犯隐私的担忧

数字显示设备传递信息了。"

对企业和各地方政府来说，不少个人信息利用被妖魔化的原因都是因为"对外部的说明不充分""消费者不理解这样做的好处""责任归属不明确"。

企业若能克服上述困难，有效利用独具特点的个人数据，将处于有利地位。在激烈竞争的环境中，数据利用不当就会一败涂地，这样的时代已然来临。

（执笔合作：日经大数据原主编　杉本昭彦；硅谷分局长　中田敦）

三、不会碰撞的汽车
——从高速公路到停车场，无人驾驶不断发展

小川计介

日经 Automotive 主编

"2030 年实现汽车零事故"，丰田汽车的伊势清贵董事意气风发，放出豪言。"不会碰撞的汽车"是汽车行业的终极目标，随着各种技术陆续出现，无人驾驶汽车也开始阶段性成为现实，衷心期待今后十年内汽车的安全性能越来越高。

德国奥迪（Audi）是全球第一家宣布将在 2018 年实践"3 级无人驾驶"技术的厂商。3 级水平的汽车可以实现无人驾驶，当然司机需在紧急情况下恢复手动驾驶。不仅德国奥迪宣布将在 2018 年推行 3 级无人驾驶技术，美国的特斯拉（Tesla）也正在积极开发新技术。日本国内方面，为了配合2020 年东京奥运会召开，丰田、本田、日产等品牌也计划在 2020 年前应用无人驾驶技术。

组合各种自动化技术

不会碰撞的汽车集合了各种自动化技术。除了升级已经普及的"自动刹车"技术外，还加入了自动变道辅助技术、"自动停车"技术等。

这些技术背后的坚实力量正是"汽车 AI"和"三维激光雷达（LiDAR）"技术。通过装载在车辆上的雷达、摄像头等传感器收集数据，用 AI 手段分析并及时反馈结果，最终打造出"不会碰撞的汽车"。

"LiDAR"让人类"不会碰撞的汽车"的理想离现实更近了一步。三维技术扫描车辆四周，甚至可以分辨出障碍物是汽车还是行人。而激光技术帮助司机夜间识物，相比以往的摄像头，毫米波雷达性能更加优越。

无人驾驶等级的全球标准化

无人驾驶技术白热化竞争的大背景下，各国也在谋求建立全球通用的性能标准。日本和欧洲的汽车制造商向 SAE（Society of Automotive Engineers，美国汽车工程师学会）标准靠拢。驾驶辅助系统的等级被划分为 0—5 六个阶段，而无人驾驶使用的是三级以上的技术。

2017 年 7 月 11 日奥迪在西班牙巴塞罗那举办展会——"奥迪峰会"，期间展出了新款 A8。A8 由德国内卡苏尔姆工厂生产，计划 2017 年秋天正式在德国上市。新款 A8 搭载了 3 级自动驾驶技术"AI traffic jam piIoT"，2018 年起改装为适应各地规定的版本并开放预订。售价是 90600 欧元。

按下 A8 仪表板中央的"AI"键，车辆启动自动驾驶功能，自动转向、给油、刹车。在有中央隔离带、比较拥挤的高速公路上，可以保持低于 60km/h 的速度行驶。

因为汽车能自动观察车辆周围环境，驾驶员无需时刻关注方向盘，所以司机可以在国家和地区的法律规定范围内尽享影音娱乐等。

自动行驶过程中，车载计算机会处理各种传感器发来的数据，掌握车辆周围情况。除了摄像头、毫米波雷达、超声波传感器等传感设备外，车辆还配备了激光雷达。

一旦无人驾驶无法应对，车辆的驾驶权将重新交还司机。为了保障手动、自动顺利切换，驾驶者也需要掌握过硬的驾驶技术。

表 2-1　SAE（美国汽车工程师学会）规定的无人驾驶技术等级

等级	概要	安全行驶的观察主体
驾驶员完成部分或全部驾驶任务		
SAE0 级非自动驾驶	司机完全手动驾驶	司机
SAE1 级辅助驾驶	系统辅助完成或前后或左右其中一方面的车辆控制，完成部分驾驶任务	司机
SAE2 级部分自动驾驶	系统辅助同时完成车辆前后、左右两个方面的车辆控制	司机

等级	概要	安全行驶的观察主体
自动驾驶系统完成全部驾驶任务		
SAE3 级附带条件的自动驾驶	系统完成全部驾驶任务（＊限定区域）要求驾驶者在收到系统要求人为介入的信号后有效接管	系统（驾驶员完成后退驾驶）
SAE4 级高度自动驾驶	系统完成全部驾驶任务（＊限定区域）紧急情况下，驾驶员无需应对	系统
SAE5 级完全自动驾驶	系统完成全部驾驶任务（＊无区域限定）紧急情况下，驾驶员无需应对	系统

＊这里的"区域"不一定专指地理区域，还包括环境、交通、速度、时间等条件。
出处：官方自动驾驶商务讨论会（2017 年 3 月 14 日）

图 2-12　奥迪 2017 年秋季发售的新款"A8"预装 3 级无人驾驶技术

◆ 自动刹车

日益普及、路口处理能力升级

为了实现 3 级无人驾驶技术，业界研发并使用了多项自动化技术，其中成绩斐然的莫过于自动刹车技术了。

自动刹车普及的契机当属斯巴鲁辅助驾驶系统"EyeSight"。"EyeSight"是 2010 年投产的"EyeSight Ver2"版本，价格只有原来的一半，控制在 10 万日元以内。之后其他公司也相继开始使用 10 万日元以内的自动刹车系统。

丰田汽车在 2015 年正式引入自动制动系统"安全感（Safety Sense）"，2017 年年底前在日本、美国、欧洲销售的所有车辆中普及。

"安全感"系统分为躲避前车碰撞的"安全感 C"（实际价格约 54000 日元），躲避前车、行人的"安全感 P"（约 86400 日元）。"安全感 C"系统在小型车中几乎已经普及，今后主要致力于对中型以上车型推广"安全感 P"。

图 2-13　避免与前车碰撞的丰田汽车"安全感（Safety Sense）"

为了向更多汽车制造商推广自动刹车等安全技术，名为 JNCAP（Japan New Car Assessment Program）的日本新车评价机构会开展了车辆安全性实验，并将结果公之于众。

实验项目逐年增加，2018 年计划将防止与夜间行人刮碰的自动刹车技术列入测试范畴。

2016 年 3 月，美国国家公路交通安全管理局（National Highway Traffic Safety Administration，简称 "NHTSA"）与 20 家汽车制造商达成协议，为了避免车辆撞击事故，计划 2022 年 9 月前实现所有出厂整车全部搭载自动停车系统。同时，美国公路安全保险协会（Insurance Institute for Highway Safety，简称 "IIHS"）还将搭载 Top Safety Pick+ 自动刹车技术作为最高级别的选定条件。

自动刹车技术还在进步，今后如何避免发生交叉路口事故将成为研发的焦点。十字路口右转（欧美左转）时，利用传感器检测是否有车辆从对面驶来，并自动启动刹车技术避免撞击，沃尔沃（Volvo）、奥迪等公司已经将上述技术付诸实践。

◆ 自动操舵

自动变更车道

相对于自动刹车技术的"大红大紫"，"自动操舵"技术还只是研发应用的新生力量，这项技术可以代替驾驶员自动完成转向等动作，部分技术已投入实际应用。

2016 年，德国戴姆勒股份集团（Daimler AG）发售了新款"E 级"车，车辆搭载高速公路环境下的车道变更辅助系统"Active Lane Change Assistassist"。驾驶者启动方向指示器（转向灯）后，系统自动替代驾驶员操作驾驶，传感器确认周围环境安全后自动向相邻车道慢慢变更。特斯拉的"Model S"也具备同样功能。

日本国内方面，丰田汽车 2017 年秋季全面改版的五代"雷克萨斯 LS"也搭载了自动操纵功能。

日产（NISSAN）汽车计划在 2018 年全面引入高速公路的车道变道功能。具体的功能尚未确定，"当汽车设定速度高于前车时，车辆会自动变更车道超车，再返回原来车道"（日产汽车的技术人员）。2016 年 8 月发售的日产小型货车赛瑞纳（Serena）已经搭载了高速公路单车道自动驾驶技术，行驶范围也将不断拓宽，2018 年扩展到多条车道，2020 年进一步扩大到整个市区。

斯巴鲁（SUBARU）2017 年 7 月对"LEVORG"运动旅行版进行了改版，新版车辆中搭载的系统可以自动在高速公路单车道内完成速度从低到高（120km/h）的加速操作，自动转弯、加速、停车。现有辅助驾驶系统"EyeSight"也添加了"EyeSight 巡航"功能。此次升级没有特别改变硬件，只是追加了部分软件。

按照日本国土交通省的技术指南，车道保持辅助系统只有在 60km/h 以上速度才会启动。最近这一要求有所缓和，系统可以处理停车、高速行驶等多种情况。

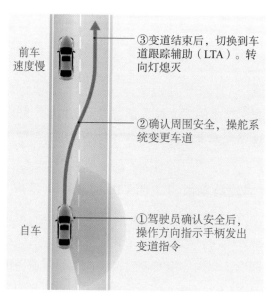

出处：丰田汽车发布，2017 年 6 月 26 日公布"将在'LEXUS'新型 LS 上搭载预期安全防御技术"

图 2-14 自动操舵辅助驾驶系统

斯巴鲁此次追加的从 0—60km/h 的低速辅助驾驶可以在堵车、前车车距变短、看不清车道时启动。即使无法观测车道情况，车辆也可以追随前车一边行驶一边辅助转向操纵。

斯巴鲁公司计划 2020 年出台能处理多条车道的新技术。如果技术实现，驾驶者驾驶戴姆勒的"梅赛德斯－奔驰 E 级"、丰田的"雷克萨斯 LS"、特斯拉"Model S"等车辆时，启动转向系统将变更车道。

搭载雷达和传感器　检测驾驶员及周边状况

自动操舵技术离不开车辆对斜前方、斜后方障碍物的灵敏感应。变更车道的时候，车载雷达可以判断后方车距是否过近、要并入的车道上有没有其他车辆等。现在，很多中型车都安装了检测斜后方障碍物的传感器，相信今后检测斜前方障碍物的传感器也会在大型车中普及开来。

另外，也需要随时掌握驾驶员的驾驶状况。无人驾驶技术完全成熟前，车辆的主导权还需要驾驶员来承担。

电动助力转向（EPS）领域的全球第一——捷太格特（JTEKT）公司研发了能感知驾驶者是否手握方向盘的检测系统。驾驶的主导权从系统传递给司机时，如果司机没有握住方向盘，系统会发出警告，为保障安全立刻停车。

捷太格特开发的系统主要依靠角度传感器和扭力传感器进行判断。省去了其他传感配件，系统成本大幅压缩。为了避免无人驾驶系统额外提高价格，控制成本十分重要。

◆ 自动泊车、辅助泊车功能

应对停车场数量、车位不足等社会问题

自动泊车、辅助泊车功能对于"不会碰撞的汽车"来说不可或缺。据丰田汽车公司调查，日本国内三成以上的汽车事故（包括财物损失）发生在停车场。停车时，辅助转弯、刹车操作等功能可减轻司机压力，提供便捷和安心。

停车自动化、远程操作技术一旦实现，将有助于解决停车场不足等社会问题。

停车操作包含了转向、移动、刹车、油门操作，还需要确认车辆后方及周边的安全，因此容易发生人为失误。本田技术研究所四轮 R & D 中心综合控制开发室第二小组主任研究员照田八州志指出，"汽车司机最犯难的事情之一就是停车"。

2015 年博世（BOSCH）日本分公司在日本开展调查，博世底盘系统控制事业部营销 & 战略部沢木真理惠经理表示，"结果显示对停车感到压力（负担）的人数高达 50%"。为减轻驾驶者负担，从公共停车场中的并行停车到路边的纵向停车，公司研发出了一系列辅助停车功能，具体分为检测车辆之间空隙和识别路面白线停车区范围两类，当然也可以两者组合使用。

操作对象因品牌而异。本田的"奥德赛"只有自动操舵功能，而戴姆勒的 E 级车则增加了刹车、切换、油门等操作。

空间检测方式包括超声波传感器、识别白线停车框的全景摄像头、后

图 2-15　现有辅助停车系统分类

视摄像头等。现在不少车辆的外界传感器自动检测停车空间和障碍物，靠近障碍物时及时发出警报，这些都是超声波传感器在发挥作用。日产汽车的赛瑞纳等车辆都可以利用摄像头感知停车框、用超声波传感器检测障碍物距离。

促进社会变革

辅助泊车、远程停车功能是无人驾驶技术的重要"里程碑"，以上系统投放市场后，有助于缓解城市停车空间不足的难题。

德国宝马（BMW）高度评价了辅助泊车技术。自动泊车、辅助泊车功能不仅给司机带来了方便和安心，还有可能孕育出全新的商业模式，推动社会变革。

今后辅助泊车功能车还将进化到远程操作、无人停车的程度。这样人们就可以在狭窄空间泊车。对停车场严重不足的城市地区来说意义重大。

未来如果代客泊车（Valet Parking）技术成熟，驾驶员就可以不必亲自泊车、车辆自动入库泊车，这样很多车辆就可以停到之前停不进去或需要

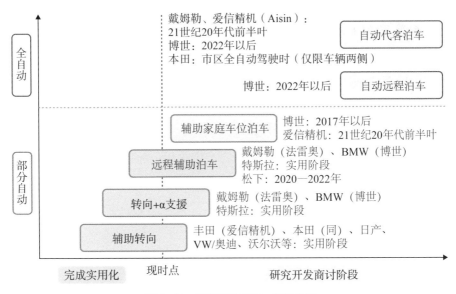

图 2-16　图解自动泊车、辅助泊车

家庭车位：自家的车库、公司停车场等固定停车位

VW：大众汽车（德语：Volkswagen）

挪车才能停进去的车位，有效利用停车空间，而司机也可以节省不必要的停车时间。

当然，我们也不能忽视一点，那就是随着自动泊车、辅助泊车功能的进步，停车场的信息共享程度也会提高。德国博世公司表示，"德国有关调查结果显示，公路行驶的车辆中，三分之一都在寻找停车场"。"事先掌握停车场空位信息、泊车也很顺畅的话，司机的停车负担就会大大减轻，也不需要盲目空跑，还能减少道路拥堵和尾气排放"（沢木经理）。德国博世和瑞典沃尔沃公司都在研发空位共享系统。

自动泊车、辅助泊车功能是停车场不足、寻找车位导致交通拥堵、汽车尾气排放的有效解决途径，也是一项驾驶员个体为社会大家庭做出贡献的重要技术。

当然远程操作、无人自动泊车、辅助泊车功能并不容易实现。相比现在的辅助泊车功能，其可靠性、自动化水平都更上了一个台阶。因此，我们需要进一步优化现有辅助泊车技术，做好铺垫。

◆ 汽车 AI（人工智能）技术

激烈的竞争影响半导体行业布局

2017 年 5 月，当丰田汽车宣布与半导体厂商英伟达（NVIDIA Corporation）联手研发 AI 无人驾驶技术时，一位汽车分析师冷静评论道："这才是最稳妥的判断。"

合作中，丰田公司使用英伟达公司与深度学习相匹配的 GPU（图形处理器）技术，计划数年内完成无人驾驶系统的开发，目标是实现全面量产。

到目前为止，丰田以旗下的电装公司（DENSO）为中心，与东芝等其他公司构建了合作关系，共同推动 AI 技术的研发。这次转投英伟达的怀抱，无疑说明丰田意欲脱离日本联盟，加入全球联盟研发 AI 技术。

丰田此举的目的是分散研发风险。无人驾驶的 AI 技术发展迅速，究竟什么技术会成为主流，谁也说不准。世界范围内，以英伟达为中心的集团和全球最大的半导体公司——美国英特尔（Intel）集团的主导权之

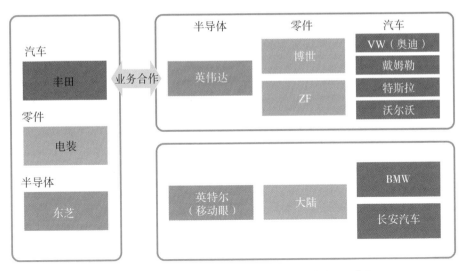

图 2-17 丰田和国内外企业在无人驾驶领域的关系示意图

争异常激烈。对于丰田来说，仅仅依靠日本联盟，随时可能被激烈的竞争淘汰。

丰田几年前就确定不依赖子公司——电装的筹措战略。举例来说，丰田从 2015 年开始使用自动制动安全传感器。识别前车的"安全感 C"传感器是由德国大陆集团（Continental AG）提供的，识别行人的"安全感 P"此前一直是电装公司独家提供，但是最近已经更改成大陆集团在内的多家供应渠道。与英伟达的合作也是丰田拒绝"用人唯亲"的表现。

不仅如此，丰田与英伟达合作后，现在也在考虑与英伟达的老对头——英特尔联手。据内部人士透露，英伟达与丰田宣布合作后，丰田很快联系英伟达表示英特尔也在和自己碰头，"并不是英伟达一家独大"。

也就是说，丰田同时考虑多项备选技术，而不是完全依靠英伟达。当然，丰田对以电装为中心的日本联盟的技术研发同时继续抱以期待。

相继选择英伟达产品

尽管如此，英伟达还是无人驾驶技术研发的最佳搭档。可以说，目前所有应用于实际的车载 AI 电脑都是英伟达的产品。英伟达的 AI 计算机广泛应用在"驱动器 PX 2"3—4 级无人驾驶技术的研发之中。

戴姆勒、奥迪、特斯拉、沃尔沃等公司也是英伟达的老客户。奥迪公司3级无人驾驶技术主要应用的就是驱动器PX 2，2020年计划升级到4级无人驾驶阶段。戴姆勒也在2017年上市了搭载"驱动器PX 2"的新款奔驰车型。

据英伟达方面透露，研发适用于驱动器PX 2 AI技术的企业、研究机构数量已经从2016年11月—2017年1月间的60家，迅速攀升到2017年2—4月的170家，短短3个月，数量增长了3倍之多。

当然，丰田公司此次决定采用的是新一代驱动器PX。新一代驱动器PX仅需消耗驱动器PX 2大约1/8的电力就可以完成30 TOPS（每秒30兆次）的深度学习处理。之前丰田公司因为驱动器PX 2的高耗电情况而一直弃而不用。

耗电降低的原因是升级版搭载了高速、低能耗运行深度学习必需的矩阵运算设备"Tensor Core"。

新一代驱动器PX还配备了名为"DLA"的逻辑电路装置。相比"Tensor Core"等通用运算器，"DLA"是完成图像识别等特定指令的专用电路。

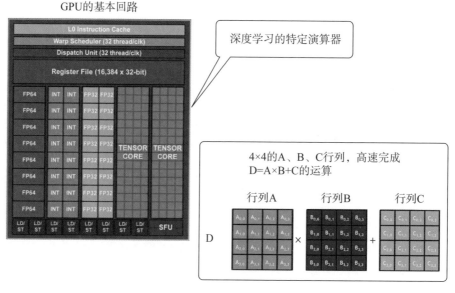

图2-18　深度学习特定演算器构成

构筑开放的开发环境

英伟达引起汽车厂商关注的理由主要是王牌实用车载 GPU 产品，但远远不止于此。

首先是英伟达包容的开放态度。举例来说，2017 年 5 月英伟达对外公布了 DLA 电路的开源代码。2017 年 7 月面向特殊用户、9 月向普通用户开放。

除 DLA 开源代码外，英伟达更是提供免费的通用开发环境"CUDA"，还有推动无人驾驶技术研发的各种重要软件。当然使用权在汽车制造商手中，汽车制造商也可以自行研发算法。

通过这些举措，汽车以外领域的最新算法也被源源不断地引入。据说 2017 年大约有 51 万技术人员使用 GPU 研发 AI 技术，短短 5 年时间，人数增加了十倍之多。有人指出，九成的 AI 开发者都在使用 GPU。

开放的态度与老对手英特尔形成了鲜明对照。2017 年 3 月，英特尔花费 153 亿美元收购了拥有强大自动刹车图像识别技术的以色列 Mobileye 公司。Mobileye 的图像识别芯片也是一个黑匣子，除此之外，外界一无所知。不过对黑匣子有抗拒情绪的汽车制造商不在少数。

GPU 完成学习和推理

英伟达的另一个特点是缩短了 AI 研发周期，因为 GPU 架构和深度学习一样，都由"学习（Training）"和"推论（Inference）"等组成。

英伟达公司同时向数据中心的服务器和进行推理的车辆双方提供 GPU 技术。这样服务器学习的最新算法与车辆搭载的 AI 计算机保持同步。另外，该技术还可以即时向学习方反馈车辆驱动行驶算法的修正之处。

英伟达公司不仅在推理方——GPU 上下了苦功，在学习方——服务器用 GPU 上也投入了很大力量。2017 年 5 月，英伟达公司在研发会议中公开了服务器专用的最新 GPU。集成了 210 亿个晶体管，"深度学习"性能比以往的 GPU 提高了 10 倍之多。这款最新服务器 GPU 采用了台湾积体电路制造股份有限公司（TSMC）的 12 纳米半导体技术，芯片面积接近现在曝光技术制造的最大尺寸，是世界现有最大规模的半导体芯片。

英特尔占了服务器 CPU 领域九成以上的市场份额。我们一起拭目以待，看英伟达如何将汽车领域的业绩作为支点，撬动英特尔的铁壁防御。

◆ 三维激光雷达

夜间也能监测障碍物

业界对将三维激光雷达（LiDAR）用作无人驾驶传感器备受期待。各家公司研发的新型 LiDAR 可以进行三维检测，和高清摄像头一样具备高解析度。以前的 LiDAR 大多只用于自动刹车，检测范围也局限于二维，只能完成检测障碍物等简单任务。

法国法雷奥（Valeo）公司在 2017 年正式投产 LiDAR 产品"SCALA"，预计 2022 年升级到第 2 阶段。

奥迪决定使用第 1 代"SCALA"，搭载在 2017 年秋天德国发售的使用 3 级无人驾驶技术的顶级产品——A8 上。产品最大检测距离为 200 米，而成本却不到 10 万日元。障碍物检测过程中，可以明确区分行人和车辆，水平方向检测角度是 140°，垂直方向是 3.2°。为了扩大检测角度，车辆采用了激光照射到旋转镜子上的结构。

而 2019 年计划投入使用的第 2 代产品垂直方向检测角度扩大了 3 倍。"不仅可以准确感知行人，还可以使用三维数据精确检测前方障碍物"（法雷奥日本分公司）。

而 2022 年投产的第 3 代产品为了将激光发射到更大角度，省略了可动装置，还降低了成本。当然检测距离和角度等性能与第二代基本相同。

另一方面，丰田汽车和丰田中央研究所研发出了激光雷达"SPAD LIDAR"。使用可以获得纵向 96、横向 202 像素的距离图像，如果物体的反射率是 100%，可以覆盖的范围远达 70m。结合摄像头、毫米波雷达等利器，可以有效监测无人驾驶时前方行人的情况。

毫米波雷达检测距离长，但是分辨率低，而摄像头分辨率高，但是很难掌控距离。传感器厂商希望可以研发一款兼具二者长处的产品，但是具体的上市时间尚未确定。

图 2-19 法雷奥研发的三维激光雷达

"SPAD LIDAR"使用波长950mm的近红外激光器边扫描边照射前方，利用反射光生成纵向96、横向202像素的距离图像。为了准确监测行人动向，距离图像像素数必须增加到这一程度，当然也不能忽略仪器的体积和成本。

为了缩小体积，三维激光雷达只配置了纵向16像素的高灵敏度感光元件。感光元件采用了高灵敏度的单光子雪崩光电二极管（Single Photo Avalanche Diode，SPAD），除去背景光的影响，组成信号处理回路，所有元件集成在一个芯片上，大幅降低了成本。检测时，分6次发射激光完成横向202像素、纵向16像素的扫描动作，获得横向202像素、纵向96的距离图像。

光源的激光二极管也大功告成。将激光提高到16像素后照射，相比多个激光二极管叠用的方式缩小了体积、降低了费用。丰田中央研究所另一方向的三维"LiDAR"研究也在如火如荼进行之中，追求极致的小型化和低成本。

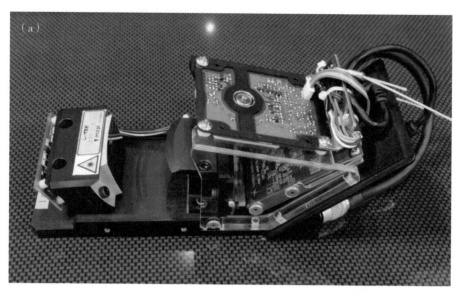

（b）

（c）

距离检测的传感器芯片
距离检测

图 2-20 丰田汽车与丰田中央研究所研发的三维 "SPAD LIDAR"

四、数字化改变货币
——现金大国的走向

原隆

日经 FinTech 主编

日本政府在 2017 年 6 月 9 日公布的 "未来投资战略" 中明确表示，2027 年 6 月之前将日本非现金支付的比例增加一倍，达到整体的 4 成左右。这一举措的原因是，日本政府意识到日本已然在 "无现金" 的浪潮下成为落后国家。

日本经济产业省在 2017 年 5 月 8 日发表了 "FinTech 蓝图"，对日本和海外国家的无现金支付比例进行了比较。数据显示，美国的无现金支付比例为 41%，韩国为 54%，中国为 55%，而日本却停留在 18%，可见日本的现金主义多么根深蒂固。

日本无现金化进展缓慢的理由之一是现金具备支付功能以外的其他价值。比如喜庆婚葬仪式中，结婚的红包一定是新钞票，而葬礼的份子钱则要求是旧纸币，与金钱相关的此类风俗有很多。

无现金化的高成本也是阻碍理由之一。内置 FeliCa 芯片和对应 SIM 卡的手机，也就是所谓的 "钱包手机" 有所普及，但是加盟店必须引入相应终端才能使用。而形形色色的电子货币引入成本并不便宜，加上信用卡加盟的高昂手续费，新终端的引入费用成为不小负担。

世界各国的货币讨论如火如荼

时下各国对货币的讨论如火如荼。之前理所当然使用的货币面临功能 "瓶颈"，各方的各种的理由接踵而来。

2016 年 11 月 8 日，印度全国因为一则电视报道而一片哗然。莫迪总理突然公布："4 小时后印度的 1000 面额卢比和 500 面额卢比全部作废。"

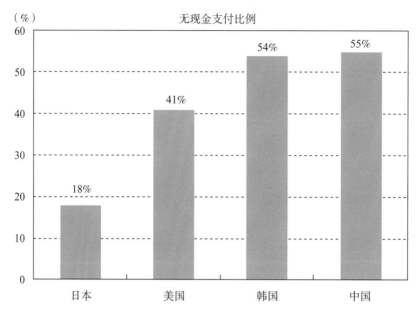

出处：日本经济产业省"FinTech 蓝图"

图 2-21　相比其他国家，日本无现金支付比例较低

印度此前流通的货币包括 1000 卢比、500 卢比、100 卢比、20 卢比、15 卢比、10 卢比、5 卢比共七种纸币和 10 卢比以下面额的硬币。1000 卢比和 500 卢比是面值最高的两种纸币，占据市内流通比例的 86%。如果用日本作比较的话，好比 10000 日元和 5000 日元纸币停止流通一样。而且莫迪总理表示，在 1 月 10 日到 1 月 30 日之间，如果不及时将纸币存入银行或邮局的账户，原货币将"成为一文不值的废纸"。

这一强硬政策的目的是为了打击逃税漏税的地下经济。在印度，地下经济占国内生产总值（GDP）的一半，匿名程度最高的现金是逃避缴税的有效手段。此外，毒品交易等黑色货币毒瘤也可以就此铲除。印度政府在全国大力推广了数字结算。

莫迪总理发表决议之前，2016 年 10 月 14 日，来日访问的美国西北大学凯洛管理学院菲利普·科特勒教授在接受采访时就表示过，"100 美元等高额纸币应该废除"，原因是可以阻止黑手党的黑钱流通。

另一方面，哥伦比亚大学的伊藤教授（政策研究大学院大学特别教授）

在 2016 年 9 月 28 日召开的"Rakuten FinTech Conference 2016"论坛上发表主题演讲,"1 日元和 5 日元等小面额货币应该废除"。小额货币的清算需要花费更长时间,导致社会成本增加。

各界有各种不同的措施和意见,一言以蔽之,各国政府都想推进无现金化的大潮,清除黑钱并提高社会经济效率。一旦把地下经济斩草除根,国家的税收也将增多。

此类货币观念的改变并非限于某一特定国家,信息化技术让一国的举措漂洋过海,对其他国家也产生影响。

◆ 扫码支付

源于中国的新潮流

一些国家通过个性手段推动无现金化潮流快速发展,比如中国。

中国大大小小的饭店、商店中,几乎所有地方都可以扫码支付。甚至朋友之间的汇款,日常生活的各种场面,都少不了扫码支付的身影。日本 DENSO WAVE 公司研发的扫码技术作为支付手段在中国取得繁荣发展。

中国无现金支付的领头羊是"支付宝"和"微信支付"。支付宝是阿里巴巴集团(Alibaba Group)提供的 EC(电子商务)网站"淘宝"的支付手段,微信支付则是基于社交软件"微信"平台的支付手段。虽然发展历程各不相同,但是两者占据了中国新型支付方式的整个市场。

现在这种支付方式也在日本不断普及。如果访问日本的中国游客能用国内相同的方式支付,肯定更有购买意向,所以不少日本大型连锁店相继导入。

2017 年 1 月,罗森(LAWSON)旗下约 13000 家店铺开始引入支付宝支付。2017 年 6 月,日本最大的折扣店铺唐吉诃德(Don Quijote)在主要的 37 家店铺推广微信支付。

罗森方面介绍,导入支付宝支付的 13 天内,约三成的店铺相继出现使用者,累计使用次数高达 52000 次。平均消费金额为 800—900 日元,是罗森平均单人消费额的 1.6 倍。

支付宝在中国约有 4.5 亿以上的注册用户，200 万家以上中国店铺支持使用。在日本也有熟悉的支付方式可供选择，所以不少中国游客自然在罗森用支付宝付款。

扫码支付的流程如下：使用者打开智能手机应用程序，在屏幕上出现二维码，店方使用平板电脑终端摄像头扫描之后即可结算。

也有的店铺直接摆出收款码，顾客打开自己的智能手机摄像头扫码支付，大大节省了掏出信用卡、电子货币卡片支付的时间。

日本也在推广小额结算的电子货币。日本国民对于支付宝、微信等只用智能手机就可以轻松扫码支付的结算方式的需求与日俱增，不少商家也在完善新的支付服务。

日本乐天在 2016 年 10 月开始推广扫码支付的 "乐天 Pay"。以中小店铺为中心的 "乐天 Pay" 逐渐扩展范围，2017 年 8 月开始，罗森的所有店铺全面支持 "乐天 Pay"。而 "LINE Pay" 则是 LINE 公司推广的一种扫码支付工具。除了罗森以外，眼镜专卖店的 "眼镜超市（meganesuper）"、居酒屋连锁店的 "花之舞" 等纷纷使用。

图 2-22　乐天的 "乐天 Pay" 支持扫码支付

无线通信公司 Beacon 最近推出的支付方式"Origami"也开始进军扫码支付市场。2017 年 2 月,智能手机支付工具"Origami Pay"新增扫码支付功能,预计 2019 年年底扩大到 20 万家加盟店。

2017 年 6 月,个人支付服务"paymo"运营商——Anypay 公布将在店铺增加扫码支付服务"paymo 扫码支付"。NTTdocomo 也在近期计划加入扫码支付大军。

对于店家来说,无需磁卡读取装置等,只要有部智能手机或平板电脑就可以收款,大大降低了信用卡支付的成本。再加上 POS 机支付,相当于同时引进了多家企业的扫码支付服务。

随着店方的推广,无需钱包就可以轻松付款的扫码支付将继续在消费者中普及,也许有一天,扫码支付甚至会成为仅次于信用卡、电子货币的"第三大无现金结算方式",扫码支付或许会扎根日本。

◆ 比特币
对中国产生巨大影响

非政府发行的虚拟货币的代表——比特币正在成为不少实体店铺的支付工具。家电连锁巨头必酷(BIC CAMERA)在 2017 年 4 月部分引入比特币支付,7 月在所有店铺普及。同年 8 月,丸井百货(MARUI)也在"新宿丸井 ANNEX"试引入比特币支付。顾客可以在比特币交易应用上扫码支付消费金额。

2017 年 8 月,比特币行业遭遇重大变故。另一种比特币货币——"比特币现金"横空出世。在距离 2010 年 5 月比特币被首次用于支付比萨餐费的第七个年头,比特币最终分裂成了两条链。

分裂的开端是比特币人气高涨导致交易量极速增长,原有的处理速度难以维持。为了制定出妥善对策,比特币交易软件的技术开发者——"核心开发者"和比特币交易者——"矿工(miner)"之间产生了严重分歧。

为了完成交易,矿工使用计算机"挖矿",取得比特币作为报酬。六成以上的矿工是中国的企业和个人,中国的影响力不容小觑。

从原理来看，比特币系统中每10分钟生成一次1兆字节的区块，最先找到的用户就可以获得比特币奖励。如果继续按照现有的1兆字节的生成速度计算，不久的将来，交易将无法控制。所以"核心开发者"提出分离区块内的控制部分，进而扩大交易规模。

但是这个想法却影响了通过挖矿获得比特币和赚取手续费的矿工的利益，引发众多矿工反对。部分矿工提出扩大区块大小的另一种解决方案。

矿工与核心开发者对峙，核心开发者宣布自2017年8月1日起正式实施最初方案，二者之间的隔阂不断加深。

主要矿工联合召开了圆桌会议，一边承认核心开发者的方案，同意2017年6月阶段性扩大区块规模，一个问题得以解决。

另一方面，许多中国大型挖矿企业希望阻止2017年6月核心开发者方案的实施，所以提出了相左的方案。同年7月，另外一家中国大型挖矿企业Via BTC公布比特币现金方案。比特币行业再次乌云密布。

两者的短兵相接让保护资产优先的普通矿工陷入极度不安。到底哪个方案会被采用，而自己所持有的资产价值又会受到什么影响呢？各种各样的信息错综复杂，交易行情随之反复震荡。

2017年8月1日，尽管核心开发者的方案正式引入系统，但是比特币现金也同时发行，两者之间的分裂不可避免。

然而骚动并未结束。核心开发者折中方案中提出的将单位区块扩充到2兆字节并未获得全面认可。2017年秋季以后，核心开发者和矿工之间进行了多轮博弈，当然比特币用户和交易市场也被卷入其中。

加之前途迷雾重重，比特币、比特币现金的行情始终不稳定，引发价格的巨幅震动。2017年8月1日，单枚比特币对美元的兑换价格为2800美元，之后逐渐升值，2017年8月13日突破4000美元大关。另一方面，比特币现金的兑换价格在开盘第二日就上升到700美元左右，之后暴跌。在以300美元左右的价格交易了一段时间后，2017年8月19日急剧膨胀到700美元。

此时比特币的行情又峰回路转。2017年10月末，中国虚拟货币交易所巨头 BTC China、OK 硬币、火币全面被查封。有人认为这是中国金融当局防止资本外逃的举措。

日本支持比特币支付的店铺虽然有所增加，但是如果当前分裂骚动、价格波动等情况持续，业界也无法预测今后使用人数是增加还是减少。

◆ 区块链

进入实用阶段

比特币行业频繁见诸报端，但是最近，比特币行业的基础设施区块链技术备受关注，并走上了实用化的道路。

2017 年 6 月，国际汇款公司 SBI Limit 与泰国大型银行泰国汇商银行（Siam Commercial Bank）联手推出了一款应用名为 "Ripple Solution" 的区块链汇款服务。日本和泰国之间几乎实现实时汇款。

2017 年 7 月，瑞穗集团、瑞穗银行、丸红株式会社、日本兴亚财产保险有限公司使用区块链技术进行日本与澳大利亚之间的贸易。

贸易涉及的人群广泛，需要完成信用证交换等复杂手续。价值电子化技术还没有显著发展，现在仍在使用纸质凭证。如果有关人员能使用相同的区块链共享信息，交易的效率就会提高。2017 年 8 月，NTT DATA 与日本国内的金融机构和物流公司共同成立了财团组织。

保险行业也在摸索如何应用区块链技术。东京海上控股株式会社（Tokio Marine）和日本兴亚等 15 家世界级保险公司共同策划了 "Blockchain Insurance Industry（B3i）"，集中用于再保险业务。与贸易金融相同，再保险领域的系统化停滞不前。

B3i 计划在 2017 年 9 月发布智能管理系统的雏形产品。系统判断满足签约条件后，保险公司和再保险公司之间自动完成保费交易。该技术一旦实现，保险业务效率将得到飞跃提升。

但是现有系统中存在影响导入区块链技术的障碍。例如，即使银行财务系统的会计管理中应用了区块链技术，依然需要修改账务相连的周边系统，成本并不划算。

区块链技术有望在贸易金融和再保险等目前系统化不发达的业务中施展拳脚。适合企业间交易的通用区块链软件不断接近实用要求。美国 IBM 等公司在 2017 年 7 月正式推出 Hyperledger Fabric 的官方版。

由全球知名金融机构组成的美国 R3 财团也计划在 2017 年秋天发布 Corda 软件的正式版。3—6 个月后开始向企业提供对应版本。

Fabric 和 Corda 适用于企业的各种用途，具有高性能、良好的保密性等特征。比特币的区块链技术存在着性能极限，其他的参与者也可以自由确认交易状况，不适合企业使用。克服上述问题的升级版软件登场后，将会极大推动区块链技术在企业中的应用步伐。

◆ 开放 API

公开平台，维护银行向心力

正如上文介绍，业界不断引入新的技术，重新评估围绕金钱运转着的世界系统。那么日本又会如何呢？ 2017 年 5 月 26 日，日本国会通过了《改正银行法》。这次法案修改的核心就是明确赋予银行、信用金库等机构公开应用程序编程接口（Application Programming Interface，API）的职责义务。政府在《未来投资战略 2017》中明确提出导入开放 API 的银行数量达到 80 所的目标。

API 是连接两个信息系统的接口。一旦 API 信息被公开，符合系统的企业就可以与银行系统对接。例如，开发了家庭账本程序的 FinTech 初创企业就把本公司的服务与银行端口对接，用户可以通过应用程序发出银行资金流动的指示，还可以确认账户信息。

日本金融厅一方面期待开放更多的 API 接口，另一方面针对以 FinTech 企业为首的、希望连接到银行系统的企业实行登记制。此举目的在于加强银行与 FinTech 企业的合作，催生更便捷的金融服务。日本金融厅希望借此次修改银行法之机将开放 API 接口义务化，辅以登记制度，引爆行业新发展。

法案修改的 9 个月内，各家银行陆续表态公开 API。宣布公开的银行将在法案实施两年内陆续完善 API。公开 API 时，明确连接的合约条款，此外，有意向登记成为《改正银行法》中新增的"电子结算等代理从业者"的话，也必须加入系统。

值得注意的是，早在法律修改之前已经有公开 API 接口的银行。专注于网络业务的住信 SBI 网络银行早在 2016 年 3 月就开放了接口。三大主要银行也在 2016 年下半年到 2017 年上半年之间陆续公开各自接口。当然，公开接口的银行只有十家左右。

开放银行 API 接口的公开可以说是世界性的潮流。美国花旗集团于 2016 年 11 月分 8 个类别准备了不同接口。新兴企业等外部企业和开发人员可以自由使用。而因积极推进 FinTech 发展而闻名的西班牙对外银行（Banco Bilbao Vizcaya Argentaria，简称 BBVA）也在 2017 年 5 月公开了丰富的网上银行 API。

不仅如此，各国行政机构也十分支持 API 端口的公开。欧盟颁布了于 2016 年 1 月生效的《新支付指令》（PSD2），规定银行有公开 API 的义务。指令还明确规定 PISP（支付发起服务商）和 AISP（账户信息服务商为连接接口服务提供商），PISP 实行许可制，AISP 则要求登记制。加盟国在两年内，也就是到 2018 年 1 月为止，依据 PSD2 制定和施行国内细则。

和日本、欧盟同时期，更多银行开始开放 API 接口。共同的课题是如何打造一个盈利的商业模式。银行公开接口需要相应的 IT 投资，如果对连接企业收费的话，可能有的企业就会放弃使用。《改正银行法》对银行接口的公开确定了时限，金融机构和以 FinTech 企业为首的各大企业还需要思索如何打造全新的商务模式。

五、利用生物的物质生产
——"生物科技"时代来临

桥本宗明

日经生物技术主编

2018 年是利用生物进行物质生产的前进之年。

在主张木材、海草等有机资源再利用的"生物量"领域，业界对相当于钢铁 5 倍强度的新材料的普及充满期待，除汽车车体、建筑材料外，技术人员也在研究新材料在食品、化妆品等领域的应用。

而在利用基因重组技术合成蛋白质、化合物的"生物技术"领域，利用最新的基因编辑技术完全可以生产出前所未有的合成品。

利用生物量和生物技术，人类可以克服化石燃料导致的环境问题，振兴新产业、推动经济发展，这就是所谓的"生物经济"。各国正在积极讨论生物经济的振兴政策。

◆ 纤维素纳米纤维
相当于钢铁强度的 5 倍，重量只是钢铁的 1/5。有效减轻车身重量

在利用生物技术进行生产的各项分支中，今后给业界带来最大冲击的技术当属"纤维素纳米纤维"技术。

纤维素纳米纤维将木材纤维打碎后得到的生物材料，其直径只有微米的百分之一，达到纳米级。重量极轻，是同等大小钢铁的 1/5，却具有钢铁的 5 倍强度，受热变形程度与石英玻璃相仿，特性众多。

如果能以树木为原料低成本量产这种纤维素纳米纤维的话，完全可以代替碳纤维和玻璃纤维与塑料搭配使用，应用于汽车零部件、车身、建筑材料等各种领域。

因为纳米纤维主要配合石油的产物——塑料来使用，严格来说并不是完全的非化石资源，但是如果能减轻汽车和运输设备的质量，则可以大量节省所消耗的石油资源。

为了扩展纤维素纳米纤维的产业应用范围，东京大学研究生院农学生命科学研究科、生物材料科学专业矾贝明教授、斋藤继之副教授研发出了"TEMPO 氧化"技术。

在木材纤维质变细、松散的过程中，如果在水中加入 TEMPO 触媒，粗细 3—4 纳米不等的纤维素纳米纤维表面就会带上负电荷，自动互相弹开。该方法比起依靠物理力量打松材料更加有效，而且可以均匀地分离材料，溶液也是透明颜色。干燥后可以得到透明薄膜，用在太阳电池和显示器等透明基板上最为合适。

加入 TEMPO 触媒的纤维素纳米纤维表面上还可以与各种金属发生化学反应，添加除臭、抗菌等效果。2015 年 TEMPO 氧化的纤维素纳米纤维抗菌就具有杀菌除臭功能，是日本制纸珂蕾亚集团（NIPPON PAPER CRECIA）成人尿布的主要材料。

2017 年 4 月，日本造纸（Nippon Paper Industries）公司位于宫城县石卷市的石卷工厂中引进了采用 TEMPO 氧化技术的纤维素纳米纤维量产设备。年产能力为 500 吨，是世界最大规模的工厂。此外，该公司还将于 6 月在静冈县富士市的富士工厂引进混合了纤维素纳米纤维的塑料生产设备，9 月在岛根县江津市江津工厂分别开始食品、化妆品添加材料的纤维素纳米纤维生产。

为了能将既有的纸浆技术和基础设施应用于纤维素纳米纤维的批量生产中，除日本造纸外，王子控股公司（Oji Holdings Corporation）旗下的王子造纸公司、中越纸浆工业（Chuetsu Pulp & Paper）、大王制纸公司（Daio Paper）等也开始进军纤维素纳米纤维领域。

各家公司也在积极研究纤维素纳米纤维技术在不同企业、不同方面的应用，有关企业已超过 100 家。政府更是在增长战略中将纤维素纳米纤维作为重点，计划"2030 年相关材料市场达到每年 1 兆日元"，积极推进产

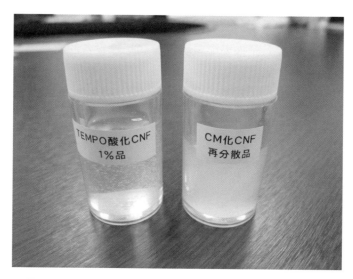

图 2-23　TEMPO 触媒氧化生成的透明凝胶状纤维素纳米纤维

业发展。

　　除了日本以外，森林大国瑞典、芬兰、加拿大、瑞典、美国等也积极推动纤维素纳米纤维的产业应用。日本是世界上屈指可数的森林大国，期待着建立因地制宜的高产产业。

◆ 藻类生物燃料

从单位面积高产的藻类中提取燃油

　　长久以来，生物燃料作为利用生物原料产出的资源，是人类削减使用化石资源的一种有益尝试。最近生物燃料领域的最新动态之一便是利用海藻资源提取燃料。

　　藻类之所以备受关注，主要是因为与其他植物相比，海藻的亩产量更高。通过光合作用生长繁殖，生长过程中自然积累燃料的主要成分——碳氢化合物。既不需要耕地，也无需与其他农作物的生产竞争。

　　从生物中提取燃料意义重大。随着全球化的不断发展，人类对航空手段的需求预计将不断攀升，但是另一方面，与汽车和船舶相比，飞机的动力研究却严重滞后，直到现在还是用燃料和引擎（内燃机）驱动。

藻类燃料的挑战被定义为"二代生物燃料"阶段。一代生物燃料主要指的是美国和巴西等国积极推动的以玉米和甘蔗等农作物为原料提取生物乙醇的技术。但是2000—2005年间，食品和饲料谷物价格飞速上涨，有人指责涨价是由生物燃料导致的。现在，科学家正在研究利用建筑废料、稻草等不可食用生物原料制造二代生物燃料，海藻成为有力候选。

技术研发不断升温

日本国内的研发机构——新能源产业技术综合开发机构划分出多个研究小组，全面投入微藻类生物燃料的开发。以 IHI、J-POWER、电装、DIC 为核心的研发小组分别致力于以葡萄藻、硅藻、单细胞绿藻、衣藻为原料的燃料生产技术。

其中 IHI 集团在鹿儿岛市修建了 1500m² 的室外大型培育池，成功繁育出产量稳定的高产葡萄藻。从 2017 年开始，IHI 集团还将完成 10000m² 的培养设备建设，推进稳定培养、低成本化技术的开发计划。

日本资源能源厅也在推动微藻生物提取燃料的验证工作，资助了多个项目。其中以筑波大学为中心的产学合作研究机构——藻类产业创成财团投资福岛地区的藻类生产项目，计划在南相马市将土著藻类的燃料提取投

图 2-24　鹿儿岛市的 IHI 集团 1500m² 的室外藻类培育池

入生产。

另一个著名的草履虫健康食品项目由日本悠绿那（Euglena）公司实施，推动三重县多气町的微藻培育池建设，计划在 2018 年建成总面积 3000m² 以上的基地。此外，该公司为了实现 2020 年国产生物柴油燃料的实用化投产，共投入 58 亿日元建设以藻类油脂为基础制造燃料的试点工厂。计划在 2019 年上半年正式投产。

藻类生物燃料的研究开发虽然在日本不断升温，但是率先发力的美国却因原油价格下跌，项目的资金筹措变得异常艰难。

比如，此前曾获得美国能源部（Department Of Energy, DOE）拨款扶持，大力发展藻类生物燃料研发的业界领头羊——Solazyme 公司，2016 年 3 月改名为 TerraVia，主要业务也从生产藻类生物燃料转向了更高附加价值的食品、营养食材。

尽管单位面积的产量可观，藻类适合生产蛋白质、脂质等物质，但在原油价格跌到每桶 50 美元左右的大局势下，不少人开始对藻类生物燃料成本是否合算持怀疑态度。

◆ 人造蛛丝

改变基因排列，人工制造蛋白蛛丝

在利用生物进行物质生产的各项技术中，人工蛛丝生产纤维、服装、工业产品等成为备受瞩目的全新生物科技趋势。

蛛丝由蛋白质构成，强度超过钢铁，又比尼龙更有伸缩性，耐热温度据说超过 300 度。

将构成蛛丝的蛋白质的基因植入到其他微生物的基因中，这样微生物就可以产出蛛丝原料，创造出新品质的纤维产品。日本率先发起挑战的是关山和秀董事长创立的 Spiber 公司。这家庆应大学创立的初创公司坐落于山形县鹤冈市。

Spiber 成立于 2007 年，公司的目标是研发人造蛛丝纤维的量产技术，2014 年与零件制造商小岛冲压工业（KOJIMA INDUSTRIES CORPORATION）

合并，更名为 Xpiber。2015 年引进年产能力达 20 吨的生产设备。小岛冲压工业曾是丰田汽车的合作企业。

该公司表示，首先以服装市场为目标，加快蛛丝纤维的开发速度，2015 年 9 月与高得运（GOLDWIN）公司共同研发出了名为"Q MONOS"的防风服，目前正处于产品上市销售的准备阶段，此外，公司还积极参与汽车零件材料的开发。

低成本成为普及的关键

使用植入了目的基因的生物生产蛋白质，这种技术并不陌生。20 世纪 70 年代，基因重组技术闪亮登场，蛋白质的批量生产成为可能，但是高昂的制造成本却是一项需要攻克的难题。

实际上，Spiber 公司为降低使用转基因生物生产蛋白质的成本，从各个方面入手，反复研究讨论。正式研究开始以来，生产性能提高了 4500 倍，制造成本降低到 1/53000。

但是，如果想用由蛋白质构成的人工蛛丝代替化学纤维抢占现有市场，必须进一步削减成本，改良蛛丝蛋白质结构，制造多种用途的纤维产品。

◆ 分子农药

养蚕业用于医药品制造

不少国家和地区都在尝试利用已有的农林畜牧业基础设施制造低成本的转基因蛋白，"分子农业"的研究活动比较活跃。

举个日本国内的分子农业例子，从 2017 年开始，日本农林水产省开始推行"通过蚕业革命创造新产业项目"。顾名思义，重组蚕的基因后，人们就可以在蚕丝中生产目标蛋白质。项目的目的主要是生产医药品原料、进一步提高生产效率，获得了农林水产省的大力支持。

目前，日本全国的养蚕农户已经减少到 500 户，而以前曾经超过 200 万户，众多养蚕农户曾遍布全国各地。蚕是驯化的昆虫，人们不断改良品种，长期驯养，改良后的蚕成活率高，出丝量大。如果在蚕基因中导入目标蛋白质的基因，就可以按照养蚕的方法量产蛋白质。通常微生物、动物细胞产生蛋白质时，细胞需要经过破裂、分离提纯等流程，但是如果直接在茧丝中生产蛋白质的话，分离提纯工序则相对方便。

早在农林水产省项目之前，修改蚕茧基因、进行物质生产的方法就已经有所应用。2016年，生物初创企业——免疫生物研究所（Immuno-Biological Laboratories）就投入了10亿日元，在群马县前桥市建立了使用转基因蚕生产蛋白质的试点工厂，生产有用蛋白质。

研究所完善医药品制造的质量管理体制，利用自动饲养装置，配备了一次性饲养8万—9万只桑蚕的设备，制造药用蛋白质。公司利用重组基因的桑蚕生产蛋白质，供药物、研究试剂、化妆品等多个渠道使用。

如上所述，转基因生产蛋白质的技术应用历史悠久，以医药品为中心，广泛应用于洗涤剂的酵素、化妆品中。不仅如此，有的蛋白质药品也利用了转基因山羊或转基因兔子的乳汁蛋白质、鸡蛋蛋白质作为原料。

转基因生物制造蛋白质的发展过程中，也有利用大肠菌、酵母等微生物、动物卵巢分离出来的动物培养细胞的先例。但是使用微生物和动物细胞大量生产蛋白质需要巨大的培养槽。而且还需要分离提纯目标蛋白质，成本十分昂贵。虽然可以作为商品化的药物，但是成本的控制仍然是最大的难题。

◆ 封闭型植物工厂

蔬菜水果变身蛋白质制造工具

为了防止植物的种子和花粉外泄，有的项目需要建设完全封闭的植物工厂，在植物工厂内重组作物基因，生产目标蛋白质。修建封闭植物工厂，主要是为了避免外界质疑"转基因农作物花粉飘散，与普通农作物交配"。

本来质疑转基因食品安全性的日本消费者就很多。评价转基因作物对环境影响时，国内允许栽培和流通的转基因作物明明超过了100种，但是日本实际商业化种植的品种只有观赏玫瑰。

尽管以前也尝试过通过转基因作物生产蛋白质，但是转基因作物的停滞不前导致至今无法量产蛋白质。

封闭型植物工厂项目受到了日本经济产业省的支持，产业技术综合研究所（National Institute of Advanced Industrial Science and Technology，以下简称"产总研"）北海道中心成为项目的核心，从 2006 年开始陆续推进。中心内设有从植物栽培到蛋白质提纯的完全密封工厂，可以进行各种农作物的转基因研究。

项目陆续取得成果，比如 2014 年上市的宠物狗牙龈炎药品。这种药品的原料是草莓，草莓果实中含有对狗有作用的干扰素。药物由产总研与北海道北广岛市的农药制造商 Hokusan 共同研发，将转基因草莓的冻干粉末直接涂到患处即可轻松治疗。无需从草莓果实中萃取干扰素，制造成本相对低廉。

产总研完全封闭型植物工厂还进行了其他研究，从产出疟疾疫苗的草莓、家畜疫苗的生菜、生产预防老年痴呆发病疫苗的大豆，到转基因土豆、西红柿等。

横滨市鹤见区的初创企业 Inplanta Innovations 作为商品推出的"神秘果鲜美西红柿"也是植物工厂的研究成果。神秘果是原产于西非地区的水果，果实中的蛋白质刺激味觉，食用后舌头感知甜味的部分暂时改变，即使吃酸的东西也会感觉是甜的。

日本栽培神秘果十分困难，该公司与筑波大学研究生院生物圈资源科学专业的江面浩教授等人共同研究，将神秘果的基因植入到西红柿中，计划制成加工食品提供给在意摄取高卡路里的人群，这样不摄取糖分也能感受到甜味。

◆ 瞬时表达技术
使用极短时间，在植物体内制造疫苗

如上所述，尽管利用农作物生产蛋白的技术备受期待，但是成本和安全的问题仍然不可忽视。近来，另一项缩短生产时间的"瞬时表达技术"开始受到瞩目。

所谓的"瞬时表达技术"，专指使用适合输送外来基因的病毒，让植

物感染此病毒后在植物体内生产目标蛋白的技术。整个过程并不需要改变植物的基因，只要让植物感染病毒就可以在短短数周内生产出目标蛋白质。

瞬时表达技术在疫病流行的非常时期十分奏效，是一项短时间内生产疫苗和药品的技术。

2014年，西非地区爆发埃博拉出血热疫情，美国马普生物公司（Mapp Biopharmaceutical）利用瞬时表达技术，从烟叶中提取了抗埃博拉病毒的Zmapp疫苗。Zmapp疫苗虽然没有被正式认可，但是据报道，应用到感染埃博拉病毒的美国医生的治疗中后，患者的症状明显好转。

现在Zmapp疫苗处于临床试验阶段，医学界也期待Zmapp成为克服埃博拉病毒的"神兵利器"。

2013年，田边三菱制药（Mitsubishi Tanabe Pharma）收购了加拿大Medicago公司，该公司计划利用瞬时表达技术，从烟叶中提取新型流感疫苗。这项技术对国防发展十分有利，获得了美国政府和加拿大政府的资助，

图2-25 使用烟草生产化妆品原料蛋白质的UniBio植物工厂

目前正在进行临床试验。试验成功后，一旦爆发新型流感疫情，公司将在疫情发生后短时间内生产大量疫苗。

日本在瞬时表达技术的研发方面落后于不少国家。隶属于新潟大学的初创公司 UniBio 与拥有雄厚瞬时表达技术实力的欧美企业合作，准备向化妆品公司供应植物产出的蛋白，作为化妆品原料。尽管化妆品研发对时间的要求并不苛刻，UniBio 却计划用植物生产为卖点，宣传"来源于植物"，与竞争对手利用转基因生物生产原料形成优势对比。

转基因生产蛋白质时，无论使用的是微生物还是动物或植物细胞，都需要花费一定的时间来重组生物的基因构造。举例来说，动物细胞遗传因子重组就需要大约半年到一年的时间。在基因中插入外来的遗传因子并不简单。

◆ 智能细胞产业

"聪明的细胞"制造医药品、化妆品、合成品

以上介绍了几项利用基因重组技术制造有用蛋白质的技术，但是生物能生产的并不局限于蛋白质。当然还可以利用微生物和酶来合成化合物。

这种方法就是所谓的"生物工艺"，该研究开始于 20 世纪 80 年代后半期。人们期待利用迅速发展的基因分析成果和基因编辑技术，向微生物中导入各种遗传因子，生产出从前无法合成的化合物。这种"聪明的细胞（智能细胞）"引爆了产业创新，日本经济产业省将这种技术总结命名为"智能细胞项目"。

生物工艺已经进入了实用阶段。例如，抗生素等药品的原料、维生素、氨基酸的生产就离不开微生物。通用化学品中，作为污水处理剂使用的丙烯酰胺等也是微生物的产物。丙烯酰胺曾经作为金属反应的触媒广泛应用，加速化学反应进行生产，现在则用微生物酶素反应取代了原有工艺。

生物工艺与工业生产不同，不需要高温、高压等特殊条件，生产更加节能、环保。尽管如此，最终用于商业生产的化合品只有丙烯酰胺、丙二醇、琥珀酸等极少的几种，可见控制生物内的化学反应十分复杂。

庞大基因解析数据与基因编辑技术联合碰撞出创新的火花

彻底改变这一难题的方法终于出现。这就是基因科学。

世界各国的生物解析技术正在快速发展，生物体内酵素等蛋白质的碱排列也渐渐明朗。如果发现新的媒介酵素遗传因子，我们就可以向微生物的基因中植入基因，诱发复杂的化学反应后，最终创造出合成品的全新微生物。这种轻松合成微生物的技术——"基因编辑"技术终于登场。

下面我们来回顾一下基因科学的快速发展历程。随着生物基因组碱基序列信息高速读取技术——DNA 测序技术的革新和快速发展，尤其是新一代测序技术（NGS）等高性能装置出现后，2005—2010 年间，解析完成的数据总量开始爆炸式增长。

过去完成一个人的基因解析，国际研究小组需要花费 10 年投入 30 亿美元。如果使用 NGS 技术，只需要几天时间，花费不到 1000 美元就可以完成。随着 NGS 技术继续发展，相信数年后解析一个人的基因组可能只需要不到 100 美元。

下面我们来聊一下基因编辑。人有 30 亿对碱基排列，大肠菌也能有460 万对，现在已经可以准确切断某段基因、替换成其他碱基排列。

30 亿对碱基大约相当于 200 本广辞苑的文字量。找到特定的位置、阻断基因的技术历经了多次反复实验，终于将以前只能"撞大运"的转基因技术变为现实。

编辑可以自由剪贴文章，现在我们也可以随意剪贴基因，这也是"基因编辑"这个名字的由来。

尤其是 2012 年出现的第三代基因组编辑技术——CRISPER/Cas9 开始使用向导 DNA，也就是寻找特定位置的细胞——核酸，碱基序列的设计变得更加简单。

使用第一代和第二代基因编辑技术，用蛋白质合成"零件"需要的费用分别是上亿日元、上百万日元，但是 CRISPER/Cas9 受理企业委托后，只需几千日元就能达到目的。这么低廉的价格，即使此前没有操作过基因编辑的研究者也可以毫无顾虑地上手。第三代技术可以同时操作多个基因，适用于多种生物。

因此，人们对基因解析的成果和基因编辑技术的应用充满期待。例如用微生物合成化合物时，只要向藻类中导入遗传因子，就能大步提高燃油产量。而通过微生物、动植物、昆虫提高蛋白生产效率，有助于降低药品价格。

展望技术的光明前景，日本经济产业省在 2016 年启动了一项名为"智能细胞产业"的项目。目前，5 年内投入 86 亿日元，搭建生物制造的基础技术。与 CRISPR/Cas9 不同，"智能细胞产业"项目的目标是开发日本本国的基因组编辑技术。CRISPR/Cas9 的专利拥有者是国外企业，如果用于商业用途，可能需要支付高额的专利费。

如果"智能细胞产业"项目能如预期般取得成功，药品、化妆品、合成品等各种物质都可以通过生物生产，生物经济产业将实现巨大飞跃。

新市场份额达到 GDP 的 2.7%

2009 年，经济合作与发展组织（OECD，以下简称"经合组织"）发表了题为《面向 2030 年的生物经济：设计政策议程》的报告，提出到 2030 年，生物经济规模要达到成员国内生产总值（GDP）的 2.7%。以日本 GDP 的 2.7% 计算，2015 年的数据就要超过 14000 亿日元，远超食品产业和化学产业的市场规模。

欧美各国针对这一目标提出了振兴政策。2012 年 2 月，欧洲委员会（European Community，EC）公布了"生物经济战略"，宣布今后将全面转向可再生生物资源。同年 4 月，美国奥巴马政府也发表了《国家生物经济蓝图（National Bioeconomy Blueprint）》。2016 年，美国能源部和美国农业部（USDA）"Billion Ton Bioeconomy"构想，计划 2030 年前用 10 亿吨的生物能源替代 25% 的化石燃料。

此外，继英国、芬兰、德国、荷兰、丹麦之后，2016 年意大利和西班牙也制定了本国生物经济战略。日本政府在 2017 年 6 月提出了生物经济战略方针。内阁会议通过《未来投资战略 2017》，提出了"生物材料革命""利用生物生产功能物质，产学官合作推动技术开发""计划本年内制定日本生物产业的市场目标，提出战略方针，完善制度建设等综合规划"。

生物量、生物技术等依靠生物进行物质生产的技术担负着改变依赖化石燃料的重任。汽车、飞机、电话、电灯……19世纪末到20世纪初，改变人类社会的许多技术纷纷问世，塑料也是这一时期出现的。

很早以前人们就已开始使用树木分泌的树脂，1909年，美国化学家贝克兰（Baekeland）使用非植物原料合成了酚醛树脂产品"贝克兰塑料"。此后人们以石油为原料，生产出了各种具有不同性能的塑料，代替木材、棉麻、丝绸等材料，人们的生活也随之发生改变。

汽车和飞机的燃料、电话和电灯所使用的煤电、塑料等石油化工产品消耗了大量化石资源，使导致地球变暖的元凶——温室气体不断增加。为使人类更好地在地球上生存下去，如何削减化石资源的消耗就成了一项重要课题，而生物物质生产则是一条有效的解决途径。

六、改进发电方式，阻止地球变暖
——减少 CO_2 排放，进行回收储存

田中太郎

日经生态版块主编

尽管美国特朗普总统此前宣布退出《巴黎协定》，但是《巴黎协定》作为应对全球变暖的重要框架协议依然发挥着重要作用。该协定在《联合国气候变化框架公约》第 21 次缔约国大会（COP）上通过，2015 年年底生效。自工业革命以来全球气温持续上升，协议的目标是到 21 世纪末将气温的上升幅度控制在两度以内。各成员国正在加紧研发创新性温室气体减排技术。

为了达成"两度目标"，截至 2050 年，世界的温室气体排放量需要控制在 240 亿吨左右。但是将各国提交到联合国的目标数值相加后发现，2030 年的温室气体排放量就已经达到了 570 亿吨。为了达成目标，必须减少 300 亿吨以上的排放。

从大的方向来看，温室气体减排技术可分为两类：一是从现有火力发电厂入手，二是使用不排放 CO_2 的发电技术。

为了实现前者，将火力发电排放的 CO_2 回收后储存在地下、海洋中的技术正在紧锣密鼓的实施中，最近还出现了火电厂的低碳化技术。

火力发电主要燃烧的是石油和煤炭，其中煤炭发电排放物占世界 CO_2 排放的三成，继续使用下去情况令人担忧。而且根据国际能源机构（IEA）透露，煤炭发电总量占据全球发电量的四成左右，这种倾向到 2040 年也不会改变。廉价的煤炭是发展中国家谋求发展、满足电力需求的坚强后盾，这一问题无法忽视。

而关于第二类减排技术，即不排放 CO_2 的发电技术，各国已经进行了

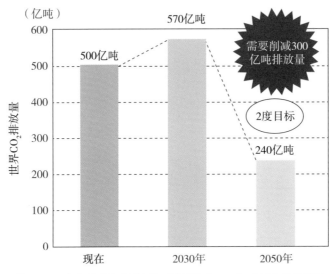

图 2-26　为实现"两度目标",需要削减 300 亿吨以上的排放量

多种尝试。小型水力发电等过时的技术也被重新提起,还有人提出使用地热、氢气替代传统发电能源等方案。但是无论哪种方法,提高发电能力、降低成本是最大的目标。

日本在能源领域拥有众多优秀技术。无论是"两度目标"的实现,还是为世界做出技术贡献,这都是日本的重要机遇。2016 年 6 月,日本内阁会议通过《日本复兴战略 2016》,在为了达到名义 GDP(国内生产总值)600 兆日元而制定的一系列发展战略中,能源投资在 2030 年前将增加到 28 万亿日元。

◆ 捕捉和存储 CO_2

向地底深处储存层注入 CO_2

国际能源机构介绍,为了实现"两度目标"各国发电产业都在积极推进 CO_2 减排措施,其中效果最为显著的方法当属"碳捕捉和储存技术(Carbon Capture and Storage,简称 CCS)"。国际能源机构表示,捕捉储存火力发电设备排放的 CO_2,可以完成 31% 的 CO_2 减排目标。

政府间气候变化专门委员会(Intergovernmental Panel on Climate Change,

简称 IPCC）也表示如果不普及 CO_2 捕捉储存技术，"两度目标"的完成成本将增加 29%—297%。

挑战减少煤炭发电 CO_2 的排放

濑户内海的一座小岛已经开始挑战减少煤炭发电的 CO2 排放。中国电力株式会社（The Chugoku Electric Power）与电源开发（J Power）公司共同出资建立了大崎 Coolgen 火电厂（广岛县大崎上岛町），在日本经济产业省和 NEDO（新能源产业技术综合开发机构）的援助下进行 CO_2 减排技术的测试。大崎 Coolgen 投资安装了一系列 CO_2 回收设备，计划 2019 年正式投入运行。大崎 Coolgen 火电厂使用了"IGCC（整体煤气化联合循环发电系统）"的双涡轮技术。燃烧精煤转动煤气涡轮，热量产生蒸气，转动蒸汽涡轮并发电。工厂在高压燃烧气体进入煤气涡轮前回收其中的 CO_2，预计 CO_2 回收效率将超过传统方式。

东芝集团已经着手从煤炭火力发电中回收 CO_2。东芝集团旗下的有明西格玛电力（Sigma Power，福冈县大牟田市）输电量 49000 千瓦时的发电厂从 2009 年起每天回收 10 吨 CO_2。这也是日本现有运行火力发电厂中唯一回收 CO_2 的一家。

从 2016 年起，有明西格玛电力与瑞穗信息总研公司共同合作，作为日本环境省的试点项目，推进每日回收 500 吨（排放总量的一半）CO_2 的计划。2019 年开始试运行，计划在 2020 年前全面实现目标。

传统的燃煤电站只使用蒸汽涡轮，涡轮转动后，从排放的低压排放气体中回收 CO_2，为了回收气体不得不浪费电力和本来用于发电的部分热量，损耗极大。为降低损失，有明西格玛电力采用了能高效利用热量的 CO_2 回收系统。

但是上述两家公司只是进行了 CO_2 回收处理，并没有将回收来的气体存储到地下。只有将 CO_2 存储到地下才能真正实现减排目标。

2016 年 4 月，日本经济产业省在北海道苫小牧市沿岸地区开始了大规模的 CO_2 存储技术试验，日本 CCS 调查公司尝试将 CO_2 封存到地层深处。

从延岸陆地上出光兴产炼油厂相邻的地方，项目安装了两条 CO_2 输送

图 2-27 大崎 Coolgen（广岛县大崎上岛町）的煤炭火力发电厂

"管道"。一条在海底 1000—1200 米深处，另一条沿着海底 2400—3000 米的地势走向，从大陆架倾斜铺设。

从管道的注入口，将"超临界"状态，也就是介于液体和气体之间状态的高压 CO_2 慢慢注入，地下砂层就会源源不断地吸收 CO_2。2016 年 4—5 月间，累计约 7200 吨的 CO_2 被储存在地下，今后计划每年储存 10 万吨。

从地下注入管道，或用船只运输

"CO_2 捕捉储存"技术备受期待，但是技术的完全实现还需要解决一些障碍。

一是对地区环境的影响。一旦储存的 CO_2 泄露，究竟会不会对地质构造、海洋产生影响，会不会引发地震等，这些很容易引发居民的不安，需要与居民详细沟通。目前世界各地都有地下储存 CO_2 的先例，实践证明，CO_2 的泄漏不会影响环境，也不会引发地震。

日本 CCS 调查中心在管道周围布置了大量地震传感器，检测地壳的微小震动、温度和压力的变化等。从结果来看，储存开始后，并没有监测到微小振动，具体数据可以从中心官网和苫小牧市政府的电子告示板中查询。

为了获得地方理解，日本环境省避开了渔业沿岸地带，选择了距离海岸线有一定距离的海面进行试验。在实验地点的垂直海底钻井，通过船只运送 CO_2。西格玛 Power 有明公司在日本环境省指示下进行试验，瑞穗信息总研评估，研究技术对海面的影响。

CO_2 存储技术的另一个障碍是成本问题。地球环境产业技术研究机构（Research Institute of Innovative Technology for the Earth，简称 "RITE"）的调查结果显示，从捕捉到存储的成本是每吨 7300—12400 日元。尽管回收的成本随技术进步在不断降低，但是设备的费用却一路水涨船高。日本 CCS 调查中心根据实际情况计算储存成本，向日本经济产业省等及时报告。

日本经济产业省和日本环境省委托日本 CCS 调查中心探测 3 个国内可以存储 1 亿吨以上 CO_2 的地质结构。今后也需要政策引导、鼓励发电站投入成本、采用 CO_2 储存技术。

综观世界，向油田和煤气田注入 CO_2 以增加石油、天然气产量的 EOR（Enhanced Oil Recovery，提高石油采收率）和不存储 CO_2 直接转化为合成燃料的原料、化学原料等的 CCU（二氧化碳捕捉和利用）技术发展渐具规模。我们应该密切关注技术动向，把握 CO_2 捕捉存储技术发展趋势。

◆ **低碳燃煤火力发电**

提高发电效率，减少 CO_2 排放

人们也在加快研发减少火电厂自身 CO_2 排放量的新技术。前面提到的大崎 Coolgen 公司着手研发的 IGCC（整体煤气化联合循环发电系统）就是其中之一。该公司试运行了输出功率为 166000 千瓦时的 IGCC 试验机。

IGCC 具有燃气涡轮机和蒸汽涡轮机双重结构，相比传统方式发电效率更高。大崎 Coolgen 的试验机采用了 1300 度级别的燃气涡轮机，目标发电功率为 40.5%。1500 度级别的话，发电功率可以达到 46%—48%。因为发电功率较高，相比名为"超超临界压力（USC）"的国内主流发电设备，

预计 CO_2 排放量可以减少 15%。

使用高温气化炉高温分解粉碎的煤炭（煤粉），反应后产生一氧化碳和氢等燃烧气体。IGCC 装置利用燃气转动燃气涡轮机，产生的热蒸汽成为蒸汽涡轮机的动力。传统的煤炭火力一般直接燃烧粉碎后的煤粉，只是通过蒸汽转动蒸汽涡轮发电。

截至目前，发电厂大多利用提高燃烧温度、加大蒸汽压强的方式来提高发电量。超超临界压（USC）技术的发电效率是 39%—41%，但是受涡轮及耐热性和耐压性限制，要提高这个数字很难。

当然还有另一种方法，那就是从燃烧的气体中回收氢气，利用氢气驱动燃料电池来提高 IGCC 的发电效率。今后，日本经济产业省将在 IGCC 的基础上辅以固体氧化物燃料电池（Solid Oxide Fuel Cell，SOFC），分三个阶段验证 IGFC（Integrated Gasification Fuel Cell，煤气化燃料电池系统）技术。

考虑到需要与燃料电池连接，IGFC 装置采用了"吹氧"气化炉。炉内的空气分离装置能去除空气中的氮，将剩余的氧气送到炉里。因为燃烧气体中不含有氮气，所以氢气提取效率更高，更符合燃料电池的需求，便于制造化学原料。IGFC 装置如果成为现实，尽管燃料电池输出功率不同，但是发电效率至少可以达到 55% 以上，相比 USC 减少三成的 CO_2 排放。

尽管如此，因为 IGCC 和 IGFC 的设备投资远远高于传统火力发电，所以大崎 Coolgen 公司也致力于研发新技术，选择传统发电从未使用过的褐煤作为发电燃料，尽管褐煤品质低下，但是价格相对低廉，可以尽快收回设备的初期投资。如果成功进入实用阶段，预计将使循环发电成本与传统火力发电的成本持平。

上文介绍过"从煤炭火力发电设备中捕捉、存储的 CO_2 将占整体排放量的 31%"，但是经过实际测算，应用 IGCC 装置减排的 CO_2 只占整体的 4%。

尽管如此，因为煤炭火力技术将在今后的很长时间内继续使用，所以尽管效果微乎其微，我们也要继续发展 IGCC 等 CO_2 减排技术。展望 2050 年，美国、中国、印度三国的煤炭火力发电 CO_2 排放量将占据全球总量的 70%

以上，如果使用日本的 IGCC 技术，换算后每年可以减排约 15 亿吨。

◆ 小型水力发电
设备小型化，费用低廉化

现在，发电输出效率仅为 1 万千瓦时以下的小型水力发电技术备受瞩目，这也是固定价格收购制度（FIT）颁布后的积极影响，不少地方开始建设买入价格高、输出效率在 100 千瓦时以下的微型水力发电站。根据全国小型水利利用推进协会的估算，全国所有输出效率在 100 千瓦时以下的微型水力发电站相加后，输出效率相当于一座 300 万千瓦时的大型发电站。小型水力发电的效率高，循环后 CO_2 排放量少。利用这些优点，日本国内不少厂家抓紧研发关键的小型化、低成本化水电技术。

位于神奈川县相模原市的小型水力发电设备老店——田中水力研发出圆柱形水车，小型发电机可以自由横向纵向安装。占地面积约为 $1.2m^2$，高约 2.3m。

为了能在狭窄处工作，公司专门研发了纵向功能。改良了封水装置，即使纵向设置，发电机和水车叶轮轴承间的润滑剂也不会泄露。以前的小型水力发电机大多是横向配置，很难安装到狭窄的地方。

田中水力不仅将设备体积缩小，还减少了零件数量，使用标准尺寸的齿轮，将水车制造成本降低了三成。用齿轮替换取水口传统构造，像相机快门一样自由开闭，而传统技术一般使用连杆、吊杆等，这样不仅降低了制造成本，还可以减少维修费用。

以田中水力为青森县农业水网提供的小型水力发电机为例，有效落差是 2.1m，最大流量是每秒 $0.5m^3$，水车两侧各安装了两个 3.5 千瓦时输出功率的发电机，最大输出功率可达 7 千瓦时。

小型水力发电的特征是在低落差的位置也可以发电。小型水力发电机大多用在农业水渠、净水设施、水库维护放流设备之中，不需要进行大规模的土木工程投资。

水力发电利用势能转换成电能的规律，综合发电效率高达 70%—80%。

结构简单，通过水流高低落差将水流下瞬间的势能转化为推动水车叶片转动的动能，使发电机转动发电。

水力发电技术早在19世纪中叶就已经发明，历史悠久。正因如此，水力发电技术日渐衰落，日本国内的大型水力发电站越来越少，技术也很难创新。

不过，小型水力发电设备的低成本化、零件标准化和削减零件数量仍然是业界孜孜追求的目标。大型发电站如果想提高几个百分点的效率，就需要定制特别零件，但是这种方法就算提高了发电效率，其费用产出比还是远远不及小型水力发电。

最近，空调行业的世界知名企业——大金工业（Dikin）开始进军小型水力发电行业，加紧研发水电技术。2013年着手开发，2014年在富山县南砺市、2015年在福岛县相马市分别进行了实地实验。

大金工业一方面着眼于高性能设备的研发，另一方面主要考虑开发低

图2-28 简化水车结构，节省空间、成本低廉的小型水电设备

成本的系统。一般来说，100 千瓦时以下的小型水力发电系统投资回收大约需要 20 年，大金工业的目标是将这一时间缩短一半，也就是约 10 年收回投资。

为了降低成本，大金工业倾注公司最尖端的空调技术。比如应用变频空调技术，去掉水量调整结构，降低制造和维修成本。空调利用变流器改变制冷、加热的压缩机转数。相同的原理，通过变流器也可以改变发电机的转数。

此外，诸如液体分析技术的叶轮应用、发电部位改用内嵌磁铁的高效率马达等，各部分都可以利用空调技术。

水泵使用的是成熟产品，输出功率有 70 千瓦和 20 千瓦两种，有效组合两种产品可以满足顾客不同需求并降低成本。

◆ 超临界地热发电

利用地底 1200 度的海水

日本地热资源丰富，总量可达 2370 万千瓦时，位居世界第三位。在地热发电涡轮机领域，东芝（Toshiba）、富士电机（Fuji Electric）、三菱日立电力系统公司（Mitsubishi Hitachi Power Systems）三家公司占据了国际市场七成的份额，是日本优势技术领域。

全球地热发电市场持续增长，2020 年的设备容量将达到 2010 年的两倍。不仅是日本市场，开展面向国外发展的技术开发也十分必要。

现在值得关注的技术是"超临界地热发电"技术，利用岩浆加热后约 1200 度高温高压状态（超临界状态）下的海水、岩石热量推动蒸汽涡轮机发电。

因为使用的是高温热能，无需外部补给用水，预计地热发电可以运转 30 年以上。普通的地热发电主要使用雨雪渗透形成的高温蒸汽层蒸汽，位于地下 2—3 千米。如果地下水资源减少，高温蒸汽也会随之减少，所以会通过人工补给的方式补充蒸汽。

产业技术综合研究所使用探测地震波探测地下结构后发现，日本东北地方旧火山地下有五六十个区域超临界地热资源丰富。如果能够利用起一半资源，输出的电力功率高达数千万千瓦时，远远超过现在已知的地热资源总量。

冰岛是超临界地热发电技术实际应用的先行者。冰岛政府正在进行国家层面的超临界地热发电实验。2014年曾连续数月稳定释放温度高达450度的水蒸气。

当然问题也接踵而来。为了挖掘地热资源，管道需要承受500摄氏度以上的高温和强酸环境。另外还需要研发除去水蒸气中大量CO_2的技术。

◆ 利用氢元素

开发常温常压运输技术

氢气因为燃烧时不会产生CO_2排放物而备受期待。

川崎重工业（Kawasaki Heavy Industries）正积极研发燃烧氢气、推动氢气涡轮机发电的技术。川崎重工业已经研发出将氢气和天然气混合以降低燃烧温度，继而减少NOx（氮氧化物）排放量的有效技术。氢气具有燃烧速度快的特性，而天然气燃烧时会产生两倍的NOx气体。

川崎重工业旗下的明石工厂位于兵库县，一直在进行1000千瓦时级别氢气涡轮发电机实验，开发了以纯氢气为燃料的氢气专用燃烧涡轮机。为了精确控制氢气的燃烧火焰，技术人员将温度降低，减少燃烧过程中的NOx排放。

日本政府计划在2050年前引入20万台燃料电池车，建设320处氢气站，计划将范围扩大到巴士、叉车、船舶上，目标是2030年正式引入氢气发电技术。

氢气的大量运输、存储技术也在紧锣密鼓地研发中。尽管现在可以利用工业副产品的煤气和天然气生成氢气，但是生产速度远远无法满足发电需求。

川崎重工业正在尝试将澳大利亚褐煤生成的氢气液化，用船舶运回日本，2020年将进行首次实际运输尝试。

常温常压廉价运输

千代田化工建设（Chiyoda Corporation）尝试常温常压下运输由氢气、甲烷加工生成的甲基环己烷（MCH）液体运输，目前正在进行实验。现在运输的液化氢气必须在 –253 摄氏度的低温下将氢气液化，既需要维持极低温度的能源和设备，还需要投入大量资金用于运输。

目前，千代田化工建设使用 $50m^3/h$ 的成套设备生产氢气，计划今后继续扩大规模。千代田化工建设一方面压低能源投入，另一方面加快高纯度氢气提取技术的开发。现在为了提取氢气，还需要保持 300 度高温环境。

日本政府计划在 2030 年实现发电、制造过程中 CO_2 零产出的"无 CO_2 氢气"技术。东芝在横滨市建设了 1980 千瓦时的风力发电站，引入了大规模氢气制造、存储设备，预计 2017 年 7 月投入使用。用可再生能源电力分解水，生成完全无 CO_2 的氢气供市内的工厂、仓库使用。据研究，这一举措的实施可以比现在减少八成以上的 CO_2 排放。

日本政府还计划利用福岛县的再生电力生产 10 万亿瓦规模的氢气，提出满足 2020 年东京奥运会电力需求的"福岛新能源社会构想"口号，希望利用东京奥运会的机会展现日本的氢气社会。

（执笔合作：日经生态版块副主编 半泽智）

七、"透视"老旧基础设施
——与时俱进，内部损伤可视化

野中贤

日经建筑版块主编

每天走过的桥、穿梭的隧道如果哪天突然坍塌了……

日本各地在经济高速增长期短时间内修建的基础设施当前濒临荒废的边缘。

设施的老化还引发了重大伤亡事故。比如 2012 年 12 月，连接山梨县甲州市和大月市的中央机动车道笹子隧道路段就发生了隧道顶板掉落事故，事故地段长达 100 多米，共有 270 块混凝土顶板发生问题。1 块顶板

出处：山梨县大月市消防本部

图 2-29　笹子隧道顶板掉落事故现场

的重量高达一吨以上，不少隧道内行驶的汽车遭遇事故并引发了火灾，9人不幸遇难。事故是由于连接顶板的锚栓老化脱落导致的。

2013年2月，滨松市"152号国道"和水窪川连接处的行人专用吊桥——第一弁天桥也发生了惨案，连接主要电缆和地基的构件断裂，吊桥倾斜，桥上的6名高中生摔倒擦伤。幸好高中生在吊桥倾倒的瞬间抓住了扶手，这才避免了跌落桥下，如果不幸坠落到5米以下的国道或8米以下的河滩上，后果将不堪设想。1965年竣工的桥体部件老化。雨水侵蚀桥体，导致内部严重腐蚀，这是断裂的主要原因。任何设施不管事前是否进行了检查，都是无法阻止事故发生的。为预防事故发生，需要对基础设施定期进行检查、诊断，在保持通车的状态下更新、修缮设备，改变传统的重视新建设施的技术观念。当然作业省力、削减成本也是重要课题。

日本是善于解决问题的国家，率先采取土木、IT（信息技术）组合技术，正在紧锣密鼓地寻找基础设施老化对策。利用无人机和感应设备，掌握基础设施未知的内部情况，借助人工智能技术全面分析，防患于未然，同时

出处：日本国土交通省

图2-30　主要电缆部件断裂的第一弁天桥

也在加快耐久新材料的研发工作。

快的话十年后，东南亚各国的基础设施更新需求便会集中出现。如果拥有成熟技术，日本在基础设施大更新的时代会为全球做出巨大贡献。

◆ 智能设施管理

人工智能定位修补

利用定期检查结果、交通量等各种数据，人工智能技术就可以预测建筑的安全程度和老化情况，自动预测需要维修和加固的地方。2016 年 10 月，首都高速公路公司（Metropolitan Expressway，以下简称"首都高速"）明确提出基础设施智能管理系统——"i-DREAMs"，这将是最先进的基础设施管理系统。

从高速公路的设计施工到维持管理，整个过程都可以高效进行数据的综合管理、检查和维修等。首都高速计划在 2017 年年内投入使用。i-DREAMs的核心是"InfraDoctor（基础设施医生）"。通过 GIS（地理信息系统）获得道路管理数据和检查信息，积累管理方——首都高速公路全线的"三维点云数据"，最终用于设施的维护管理。InfraDoctor 是首都高速的专利技术，由擅长数据转换技术的滨松市 Elysium 公司和大型航空测量公司朝日航洋（Aero Asahi）共同开发。

三维点云数据是指表示建筑形状的坐标值集合。测量车上搭载激光映射设备"Mobile Mapping System（MMS）"，1 秒钟内发射 100 万次，车辆边行驶边收集数据。三维点云数据存储在"InfraDoctor"系统中，在数字地图上选择目标建筑，用户就可以浏览建筑信息和三维点云数据。无需亲临现场也可以测量建筑尺寸，准确掌握周围位置关系，大幅度减少着手维修返工的时间。因为节省了测量和绘图的时间，一天半的时间就可以完成此前 8 天的准备工作。

三维点云数据除了二维、三维图像外，还可以利用有效单元法（Finite Element Method，FEM）半自动生成解析模型。维修和加固的设计也可以参考点云数据。配合建筑的实际尺寸、照明设备、标识等附属物配置关系，

出处：首都高速公路公司

图 2-31　InfraDoctor 调取的首都高速三维点云数据

可以得出准确的设计。

今后 i-DREAMs 还将搭载人工智能。负责开发的首都高速保护企划课课长永田佳文表示："从检查结果和交通量等各种数据了解桥体的损伤状况，确定维修时间和施工方法。"i-DREAMs 系统的研发已经投入 1 亿多日元，随着投入维持管理业务的高效化发展，"投资将在几年内收回"。

首都高速对开发的技术普及充满信心。计划向国内外的道路管理者推销 InfraDoctor 系统。作为重要一环，首都高速已经收到大型建设顾问公司"Oriental Consultants"、福冈北九州高速公路公司（Urban Expressway）的订单，着手三维点云数据的测量和分析处理。

2016 年年末，首都高速在泰国首都曼谷进行了高速公路的三维点云数据测量。测量对象是总长 18.5 千米，由泰国高速公路公司（EXAT）负责管理的部分路段。泰国高速公路相比首都高速的道路路况更新，所以运营者不太重视维持管理。尽管如此，首都高速还是着眼于未来，投石问路。

负责泰国项目的首都高速技术咨询部国际企划课川田成彦课长表示："泰国道路维护管理的需求最快也要在十年后产生。"但是，"建筑的老化是必然发生的。有了需求之后再开始行动将为时已晚，有必要从现在开始就向有关部门强调高效进行建筑维护的重要性。"

首都高速的目标是逐渐向高速公路建设、维护、管理之外的方向发展。2017年3月，首都高速正式宣布将道路建筑的三维点云数据应用到汽车的无人驾驶辅助系统，同时表示将与无人驾驶专用地图数据开发商"Dynamic Maps Platform（DMP）"联手开发。三菱电机和5家地图公司、9家汽车公司，合计15家公司共同出资，在2016年6月成立了DMP公司，从事无人驾驶的三维地图研发与销售业务。日本国内约3万公里的高速道路全线纳入范畴，DMP公司计划在2018年正式上市产品。

出处：首都高速公路公司

图 2-32　日本空运到曼谷的 MMS 正在收集高速公路三维点云数据

无人驾驶的三维地图数据需要详细标注道路边石、标线、信号、标识等信息。DMP 公司从毫米单位精度的首都高速点云数据中抽取有用信息，详细反馈在地图产品中。对无人驾驶地图产品来说，道路更新区间、新开通区间信息的及时更新系统必不可少。DMP 公司和首都高速的合作必将提高地图数据、结构的可信度。

◆ 激光无人机

树木遮挡的地形也一目了然

为了快速掌握地形和地面建筑信息，三维测量技术可谓必不可少。作为航拍、照片测量等三维测量的重要手段，小型无人机渐渐走入人们的视线。今后搭载了激光扫描设备的无人机也将在更多场合"大展身手"。2016年4月，熊本地区发生地震，熊本县阿苏村立野地区发生了总量约 50 万立方米的严重泥石流灾害。"国道 325 号"阿苏大桥垮塌现场，装载了小型航空激光扫描仪的无人机发挥了重要作用。

机载雷达的激光测量过程中，扫描设备向地上发射近红外线激光，利用激光反射的时间差测绘地形地貌。即使树木丛生，也可以精确获得地表的三维坐标，这也正是照片测量做不到的地方。无人机上搭载了扫描仪、高精度 GNSS（使用 GPS 的全球卫星导航系统）、测量机体姿势、加速度的 IMU（惯性测量单元）等，进行周密的坐标测算。

南阿苏村立野地区，应用地质公司（OYO CORPORATION）受日本国土交通省委派，与广岛市地质测量公司（Luce Search）共同合作，试飞了激光无人机。选择无人机的原因是担心地震断裂加大。地表开口的裂缝宽度如果加大，很有可能诱发滑坡。调查中，作业人员首先对断裂斜面上端（断裂顶端）的悬崖稳定性进行评估，预测继续崩塌可能引发的土石流量。经过上午 30 分钟的飞行，无人机共完成了约 80 万平方米的地形数据测算并提交给日本国土交通省。

利用测算数据，可以绘制现场图和激光强度反射图。反射弱的地方对应凹进去的地形。这样就可以清晰观察断裂顶端的开口裂缝情况。从截面

出处：首都高速公路公司

图 2-33　熊本地震中发生大规模滑坡的熊本县阿苏村立野地区

图来看，断裂高低落差为 3 米，宽 4 米，表层向低处扇形张开。预计最多有 20000 立方米的土石崩塌。

斜面断裂大，现场还被草丛覆盖着，所以即使人员进行现场调查也无法摸清断裂的连续情况。现在这些烦恼都可以利用激光无人机解决。

承担调查的应用地质公司防沙防灾事业技术部正木光一部长解释说："与直升机等航空激光测量不同，无人机可以低空精密观测，准确找到龟裂位置。正因为如此，我们才能判断现场不会发生大规模滑坡事故。"

日本国土交通省也积极推动激光无人机的普及，2017 年初提出了河川管理使用"水陆激光无人机"研发计划。负责开发的共有三支团队。一支是 Pasco 和 Amuse Oneself 团队，一支是亚洲航测（Asia Air Survey）和 Luce Search 团队，还有一支是河川情报中心（Foundation of River&Basin Integrated Communications）、Luce Search 和朝日航洋，目标是半年到一年内应用于实际。

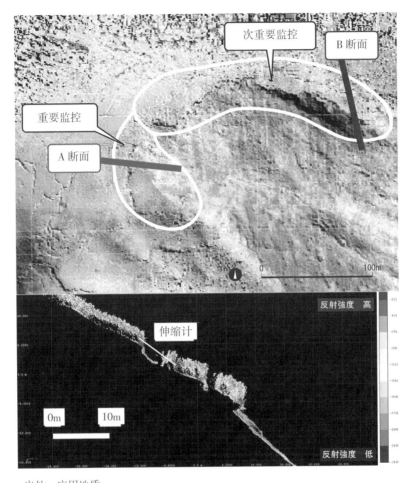

次重要监控

B 断面

重要监控

A 断面

伸缩计

反射强度 高

反射强度 低

0m   10m

出处：应用地质

图 2-34 塌陷顶端附近的反射强度图像（上），可见 A 断面产生大面积断裂、地表错位（下）

国土交通省计划引入激光无人机的主要理由是无法严密管理现有测量方式。如果利用回声测深仪对河流进行定期横截面测量，只能每 5 年得到一次 200 米间隔的循环横截面数据。这对了解堤防情况十分不利，而且经费开支巨大，所以也无法增加测量次数。

三支团队已经确定了陆上激光测量的目标——水中地形。为了获得河床的三维点云数据，除了陆上测量常用的近红外激光外，还应用了波长更短的绿色激光。通过水面反射的近红外激光和射入水中、河床反射的绿色激光时间差来计算水深，进而测量地形。

如果水体浑浊，绿色激光就会被吸收，所以只能测量到河流 6 米深的地方。即使这样，此技术对至今尚未完全把握的河床三维地形测算产生了巨大影响。

不过，绿色激光测深仪的价格高达 2 亿日元，而且尺寸太大，无人机无法搭载，人们对绿色激光测深仪技术的未来充满希望。

◆ 内部缺陷可视化技术

避免破坏损伤，提早发现缺陷

提早发现桥面混凝土板材隐藏的老化问题，这种不破坏建筑结构、利用可视化手段发现内部缺陷的技术发展迅速。

富士通（Fujitsu）和富士通研究所（FUJITSU LABORATORIES）是这项数据分析技术的联合开发者，在桥板下面安装传感器，测量行车振动情况以推测板材的损伤程度和老化状态，目标是 2018 年前后投入使用。

富士通研究所开发了高精度判定时间序列数据的深度学习技术。从传感器测量的振动数据中抽取瞬间、滞后 0.01 秒、滞后 0.02 秒的三个数据。将三个时间点的加速度与三维图表的各轴对应，最终对应于一个坐标。改变时间，用同样的方式得出时间序列各个点的集合，绘制成三维图形。

得出图形后，利用拓扑数据分析方法，用数字表达图形特点。通过这种方式区分复杂的振动数据之间差异，用"异常度"表示和正常数值之间的差，准确把握状态急剧变动的"变化度"。富士通负责人介绍说："测算一块板材的振动数据，至少可以掌握周边数米范围的板材损伤程度。而且可以了解损伤初期内部的变形情况，便于提早应对。"今后利用桥体的实际振动数据，还可以进行验证、扩大适用范围。

通过振动数据推断板材损伤情况的技术虽然之前就已经存在，但是准确把握内部状态却十分困难。振动传感器获得的数据因为时间序列的数值波动较大，难以判断异常程度。

人工智能检测混凝土锤击实验有无异常

产总研与首都高技术、东日本高速道路会社（East Nippon Expressway）、Techny 联手，利用人工智能（AI）技术，检测混凝土锤击实验对象有无异常和异常程度，自动绘制"AI 锤击检测系统"异常程度地图。

首先锤击明显正常的地方约 10 秒左右，建立混凝土检测对象的正常打音模型。根据建筑对象的材质、形状、类别不同，即使人工智能判断是否异常的数据并不充分，技术人员可以开始检查。

AI 锤击检测系统由三部分组成，分别是由接触式音响传感器和测定锤击位置的传感器组成的检测单元、搭载了人工智能的平板电脑，以及向检测员发出警报的便携式终端。各部分通过无线连接。

首先用音响感应器接触混凝土表面，垂直立于检测对象上方。接着检测员用锤子击打正常部位，人口智能技术构筑正常锤击的打音模型。然后继续采用上一步的锤击方法，用锤子打击混凝土表面。

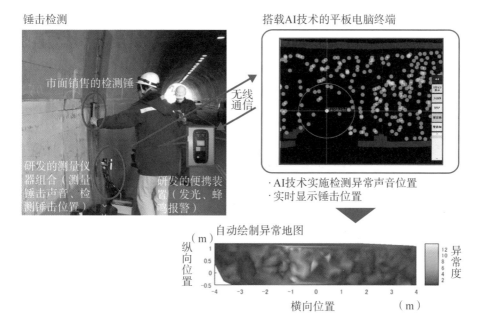

出处：产业技术综合研究所

图 2-35　AI 锤击检测系统概况

人工智能根据打音的频率、时间变化检测有无脱离正常模型的声音。设定未偏离模型范围的声音是正常声音，逐步更新声音模型。如果检测出杂音，检查人员的便携设备会自动亮灯并报警。产业技术综合研究所介绍，利用这项技术可以辨别混凝土表面深度4—6厘米以下的空洞，远远超出手动检测水平。

另一方面，利用中子透视混凝土板材、掌握建筑老化状况的技术也进入人们的视线。技术的开发者是理化学研究所（Riken）和土木研究所（Public Works Research）。在中子发射源和板材之间安装中子检测设备。发射中子，通过中子发射时间和反射量的多少了解建筑内部的空隙和水分情况。

现有技术水平已经可以检测混凝土表面以下10厘米深、5毫米厚处的异常情况。以前像X光一样，需要把对象夹在中子源和检测器之间。人们也希望新技术可以继续扩大适用范围。

川崎地质公司研发出了检测路面到3米深处之间有无空洞的"牵引式空洞探测车"。搭载多个名为"线性调频雷达"的脉冲压缩雷达，相同分辨率下，可以探测的深度深了2倍以上。探测范围也不再局限于路面垂直

出处：川崎地质

图 2-36　牵引车（左）与搭载线性调频雷达的空洞检测车（右）

下方，单次检测行驶，连下水道污水管周围的空洞都可以一目了然。

检查空洞时，以每小时 40—50 千米的速度牵引探测车，探测每隔 5 厘米的地下状况。一次可以调查相当于一车道宽度，也就是 2 米左右的范围。川崎地质和富士通还携手开发了人工智能读取雷达图像、自动检测空洞的技术。从数量庞大的画像中筛选出可能有空洞的地方，新技术大幅提高了作业效率。

因为建筑物老化等原因产生的地下空洞可能导致道路塌陷，日本政府和自治体使用空洞勘探测业务的数量日益增加。据川崎地质统计，每年的订单规模可达 20 亿日元。

◆ 克服铁器缺点的新材料

热可塑性树脂降低成本

为了延长基础设施的使用寿命，各种克服铁器弱点的新材料相继登场，而钢筋混凝土钢筋替代材料中，效果最理想的当属玻璃纤维、碳纤维、树脂凝固形成的"纤维增强塑料（Fiber Reinforce Plastic，以下简称 FRP）"，它具有质量轻、强度高、不生锈等优质特性。

廉价、易压缩的混凝土和伸缩性强的钢筋组合起来，这种钢筋混凝土构造是现在基础设施不可或缺的材料，但是因为包裹在混凝土里的钢筋遇水、遇盐就会生锈膨胀，导致混凝土裂缝，缺点也很明显。一旦盐分、水分进一步渗透到裂缝中，就会加速建筑老化。

FRP 钢筋可以解决这一问题。但是 2000 年日本首次使用 FRP 材料铺设冲绳的过街天桥后，替换的效果却并不理想。FRP 冷却成形需要等待较长时间，而且树脂和纤维混合后还需要加热，凝固后必须降温，三个步骤加大了制造成本负担。

近年来，FRP 逐渐演化为创新建筑材料。秘诀就是用聚乙烯和聚丙烯等热可塑性树脂作为成形树脂。

热可塑性树脂加热后软化，冷却后马上凝固，具有可逆特性。利用这一性质，将加热过的树脂浸泡在纤维中。冷却完毕则两个步骤顺利完成，具有便于连续成形、大幅降低成本的优点。而之前的 FRP 技术使用的是环氧树脂，一旦凝固，即使加热也不再溶解，主要使用了热硬化性树脂。

　　"将热可塑性 FRP 材料用在尺寸长、体积大的土木建筑中。"这是以金泽工业大学为核心的"构筑革新材料新一代基础设施系统"项目提出的口号。该项目 2013 年入选"科学技术振兴机构"的研究支援计划——"革新创造项目（COI）"，时间长达 9 年。金泽工业大学创新复合材料研究开发中心鹈泽洁所长对项目未来充满期待，"最终将生产效率提高百倍，成

出处：日经建筑

图 2-37　FRP 道路附着力实验样品

本降低到 1/10"。

气温、湿度、紫外线……为了测试各种环境下的树脂耐久性，从北海道到冲绳，日本全国各地进行了多处露天试验。选择不同比例的树脂、纤维组合，铺设 FRP 材料实验道路，检测混凝土的附着性能。另外还会用低温、高温水量长期浸泡道路，调查树脂性是否变化。

使用热可塑性性树脂的"碳纤维增强塑料（CFRP）"早于热可塑性 FRP 材料率先用于桥梁建设。2017 年，福井县清间桥十字框架加固工程率先使用了新材料。福井县产业劳动部地域产业技术振兴课的后藤基浩参事表示，"这也是国内率先使用 CFRP 成形产品作为道路、桥梁的二次结构构件"。

福井县 SHINDO 公司将碳纤维编织成格状，利用同县福美化学工业（Fukuvi）研发的拉拔成型技术部分替代部分材料。桥上部件中，最多的甚至使用了 20 层纤维包裹。为了控制成本，碳纤维外面包裹的是玻璃纤维。

对于土木建筑来说，确认新材料是否适合现场施工至关重要。清间桥

出处：日经建筑

图 2-38　使用 CFRP 加固清间桥十字框架

实验施工过程中，CFRP 对接原有钢架结构时，利用浇灌式高强度承压螺栓进行固定。现场进行打孔等工序，施工浪费了不少工夫。今后考虑使用更容易接合的摩擦螺栓。

尽管存在种种不便，但是碳纤维的重量只是铁的 1/4，这点促使生产性能极大提高。最长的部件长 3 米左右，但重量仅有 33 千克。两名成人即可轻松搬运，适合人力施工。十字框架暂时保持现有结构，对施工前后的桥梁挠度进行测量。

根据日本经济产业省的估算，日本全国共有 15 米以上的桥梁 14 万座以上，需要更换十字框架、横梁、横系杆等二次结构部件、加固主梁的桥体达到 3400 座以上。尽管不是所有都可以用 CFFR 替代，但是需求潜力仍然巨大。

（协助：日经建筑版块副主编　濑川滋）

八、超越设想

——挑战多领域难题的 VR、AR 技术

大和田尚孝

日经计算机板块主编

美国微软的"HoloLens"、日本索尼的"Play Station VR"相继上市,"VR(虚拟现实技术)""AR(增强现实技术)"已经走下神坛,成为身边触手可及的技术。

VR 创造了现实中并不存在,或者一般体验不到的虚拟世界,当然使用者需要戴上"头戴式显示器(Head Mount Display,以下简称'头显')"眼镜才能体验。头显眼镜配有传感器,随着头部转动改变眼前景色,仿佛身处虚拟世界之中。

另一方面,AR 在现实世界的基础上融合了虚拟空间,扩展了现实世界范围。戴上智能眼镜后,眼前所见的世界就可以与智能玻璃呈现的视频、图像完美重叠。

2018 年,AR、VR 技术在各个领域全面开花。"就是想这样观察的""同时看到了两方,真是太好了",AR、VR 技术满足了人们的种种期待,呈现"本色世界",解决了多种问题。业界对两种技术的发展充满期待,AR、VR 技术几乎适用于所有行业,称之为"虚拟世界"毫不夸张。

◆ 商品开发的 VR 设计

设计阶段即可体验实物

制造业利用 VR 技术进行产品开发。举例来说,三菱重工(Mitsubishi Heavy Industries)在叉车的设计阶段就采用了 VR 技术。戴上 3D 眼镜,设计阶段的叉车被等大小立体呈现。眼镜结构中有传感器部件,随着视线移

出处：美国微软公司

图 2-39　Microsoft HoloLens

动，影像自动变化，具有很高的代入感。设计负责人找出"零件的配置有无问题"，销售负责人则可以确认"设计是否妥当"。

三菱重工甚至将 VR 技术用在了涡轮增压器的设计开发中。放大涡轮增压器内部，在 VR 技术的帮助下，平时看不到的微小世界呈现在眼前。

涡轮增压器压缩送入引擎的空气密度，提高发动机燃烧效率，只有数十厘米大小。放大后人们可以自由探究设备内部，代入感极强。而数字模拟结果展现了机械的状态，为技术人员提供设计的好点子。问题修改完毕后，还可以再次通过 VR 技术呈现确认。

以前制造机械设备时，设计、生产、销售各环节的负责人员只能从二维图纸和 CAD 三维数据画面中想象实物。设计者脑海中可能还会有雏形，但对于生产、销售人员来说，想象实物相当困难，只有开始生产或者完工出售后才能发现问题。

为了避免类似情况发生，就需要制作样品，但是制作样品时间长、成本高，反复修改也不现实，所以人们期待产品开发 VR 设计可以解决这些苦恼。

◆ **建筑 VR 设计**

亲眼确认模拟成果

与制造业一样，建筑行业对作品的最终完成形态要求很高。建筑设计师可能对建筑的最终形态有一定把握，但是委托人却很难想出最终的模样。

尤其是特定用途的建筑物，完工后是否具备特定的功能至关重要，但是设计阶段又难以确认建筑的功能。"建筑 VR 设计"就是这些问题的"克星"。

举例来说，放置信息系统服务器、存储器的专用机房——"数据中心"就需要确认建筑功能。对数据中心来说，最重要的问题就是"排热"。如果机房能有效排出服务器等设备散发的热量，电费支出将得到极大控制，反之则将浪费不少费用。

建筑 VR 设计技术可以模拟服务器、存储器马力全开时的室内气流情况，以可视化形式展示结果。设计师"漫步"模拟房间中确认"散热是否高效""有无热量堆积"，这些都可以在设计阶段实现。

数据中心的设计需要 VR 技术确认散热情况，同理音乐厅的例子中，设计师需要在设计阶段感受到声音的流动。音乐大厅中，座位不同，声音也各不相同。设计师通过 VR 技术分别感受一楼 15 排左边的位置与二楼中央最后一排听到的声音和看到的影像，在设计阶段确认观众是否感受到逼真的声音效果。

◆ **医疗 AR、VR 学习**

动手训练手术技能

医疗领域的 AR、VR 辅助学习备受期待。利用 3D 全息图提供有真实感的学习教材，可以大幅提高学习效果。

举例来看，美国凯斯西储大学与美国微软共同开发了医学专业教育应用程序。佩戴微软的头显"HoloLens"，眼前就会呈现等身大的人体图像，可以透视肌肉、血管、骨骼等观察人体。

学生不仅可以看，还可以扩大或旋转三维影像。借助逼真的三维图像，学生轻松学习教科书中晦涩难懂的医学知识。尤其是脑神经的分色显示功能，对于学生学习复杂的脑部结构大有裨益。

此外，VR 医学学习技术还可以呈现虚拟的手术室空间，立体投影患

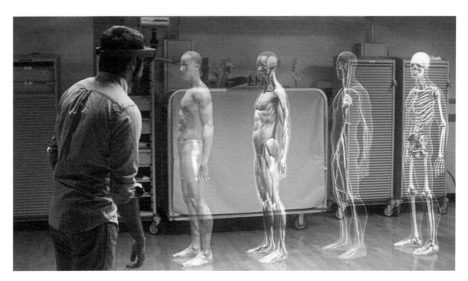

出处：美国微软公司

图 2-40　HoLoLens 投射的 3D 全息图

者模型，模拟体验实际手术过程。加上触觉传感器的作用，使用者可以真实感受到手握手术刀的触感、缝合的松紧程度，进行逼真的手术训练。

加拿大的 Concur & Mobile 公司正在研发适合外科医生的 VR 系统，模拟手术过程，培养手术感觉。

要想成为一名医生，需要在大学医学部学习知识，在临床医学课程中学习诊疗方法。学生单纯靠教科书中的照片和图像来理解人体构造、培养实物感觉十分困难。即使加上视频教材，因为都是二维显示，所以提升的效果十分有限。诊疗法方面，外科医生更是需要实际活动手指体验手术感觉，但是这样的机会实在是少之又少。

◆ 物流配送的 AR 支援

向快递员显示需要确认的信息

"物流配送的 AR 支援"利用 AR 技术减轻快递员负担。投递员只要戴上智能眼镜，就可以随时调取所需信息，诸如"卡车装货方法""包裹详情""重量""目的地""包裹各自处理方法"等。利用显示的信息，新手快递员也能高效投递。现在还出现了一种在卡车前挡风玻璃上投射司机所需信息的新技术。投射的信息可以覆盖"车身行驶状态""装载行李的保管状况（货室的温度等）""路线导航（拥堵信息、代替路线）"等。

一线物流配送是现在人手最不足的地方之一。对于很多人来说，网络购物已成为一种生活习惯，EC（电子商务）平台方面也希望缩短配送时间，这无疑加重了物流的沉重负担。为了高效配送货物，货物装车时需要注意方便装卸，同时调整中心位置保证货物不会散落。根据行李不同，还要注意货物的温度和湿度等。此外，如何选择恰当路线避免交通堵塞也需要技巧，投递员确认的信息之多也是人手难以补充的一个重要原因。

◆ VR 购物

弥补电商网站缺点

物流业人手不足的主要原因是电商网站的活跃，但是电商网站也有缺点。一是不能实际接触商品。想必不少人在电商网站购买服装时都有过"尺寸与预期不同""手头衣服没法搭配"的惨痛经历。二是缺乏购物乐趣。实体店铺精心布置，多方位展示商品，让顾客感受到购物的快乐，但是电商平台有着自身限制。"VR 购物"的出现正好弥补了这些缺点。在虚拟空间中打造店铺，给顾客实体店购物的代入感，享受购物的乐趣。

中国阿里巴巴集团致力发展 VR 购物。在该公司的宣传样片中，中国顾客戴上头显，马上"穿梭"到美国纽约时代广场某著名百货商场的虚拟空间。顾客可以在店内尽情挑选中意的商品，沉默点头代表"购物"信号，马上下单等待快递到家。即使身处中国，也可以在美国商场中自由购物。

◆ AR 试装、VR 试驾

弥补实体店铺缺点

不仅如此，电商网站还有无法试穿的缺点，而实体店铺试穿方便，这是实体店铺的优势。当然实体店铺的试穿同样存在问题。帽子、眼镜等商品可以随手试戴，而衬衫和裙子就必须到试衣间去试穿，因人而异，有人会觉得试穿很麻烦。此外，不同的商品还可能有断码、无法在店内展示所有颜色产品等问题。这样一来，有时即便顾客想试穿却试穿不到。

同样在汽车 4S 店，不少客人不仅考虑产品的价格、设计，还要根据试乘感觉、试驾操作感受决定是否购买。但是试驾的车辆是有限的，就算有心仪的车型也可能试驾不上，而心仪的车型即使有试驾车，也需要耐心排队等待。

解决这些实体店铺问题的技术就是"AR 试穿"和"VR 试乘"。

日本凸版印刷公司（Toppan Printing）利用标识技术提供虚拟试穿服务。顾客首先选好心仪的衣服，来到识别系统前进行相机扫描，系统会自动识别人体体形、形态，调整衣服的尺寸并"穿戴"在顾客身上。人动衣服也动，可以了解实际穿着的模样。这种虚拟试装简单方便，顾客可以随意尝试，直到找到满意的选择。

VR 试乘则是在虚拟空间中模拟汽车驾驶。顾客可以选择中意的场所，比如海外的街道、高速赛场等感受驾驶体验。因为满足了不同顾客试乘多种车型的需求，可以大大提高商品的吸引力。

◆ AR 广告

虚拟空间也可以打广告

AR 技术成为广告行业关注的新动向。除了实体广告外，如果在虚拟空间中也能宣传商品的话，效果将更上一层楼。但是为了呈现 AR 广告，必须引导消费者扫描"AR 标识"。"AR 标识"需要印刷在纸质广告上，通过手机扫码才能观看。

印刷贴纸特殊商品的八光社（HAAKKOSHA）发明了不需要扫码的 AR 广告技术。将照片、名片等作为特殊的"AR 标识"，只要提前在八光社登记，消费者启动手机应用启动后，只要举到照片、名片上端，马上就会跳转到个性网页，播放音乐或视频等。

另外，英国 Kudan 公司研发出了不需要 AR 标识的软件"Kudan AR

出处：美 Kudan 公司

图 2-41　使用 Kudan AR Engine 技术的图像

Engine"，打开安装软件的平板终端相机，如果朝向桌子，桌子图像上就会重复播放 CG 广告。设备靠近桌子，则 CG 图像变大，远离桌子，CG 图像也变小，这利用的是一种特殊位置识别技术捕捉相机中的空间。

◆ **VR 教材**

带领学生环游全球，往返古今

　　学校如果使用"VR 教材"，学生就可以前往历史事件发生的虚拟空间"一探究竟"，感受原本体验不到的逼真神奇场景。现在日本的小学生已经可以去埃及的金字塔和宇宙空间自由"旅行"了。

　　美国谷歌公司面向教育机构发布了 VR 工具"Google Expeditions"，学生佩戴"谷歌 Cardboard"头显后，老师就可以带领学生足不出户前往虚拟空间，真实体验世界遗迹、南极国际宇宙空间站等地点。美国 Unimersiv 公司提供教学 VR 应用——"Unimersiv"服务。该公司使用 VR 技术进行研发，出发点是"提高学生学习能力，亲身体验最为有效"，目前推出的"人体循环系统之旅""宇宙旅行"等备受好评。

◆ VR 旅游

身在家中，畅游各地

"VR 旅行"技术创造了目的地的虚拟旅行空间，给游客提供真实的旅行体验，进而刺激旅客的旅行意愿。

日本 HIS 国际旅行社（H.I.S.）夏威夷旅行门店店内就可以虚拟体验夏威夷旅行的乐趣。4k 高清影像和高分辨率音源让消费者身临其境，体验海岛风情。

而 KDDI 提供的长途旅行服务——"SYNC TRAVEL"方面，旅客可以在家里佩戴头显来虚拟体验当地导游的实时观光向导。通过旅行地的导游，还可以在当地商场、特产店轻松购物。

◆ AR 观光

在明日香村体验美丽飞鸟京

历史事件的发生地也是吸引游客的观光胜地，但是现实中，可能只有部分建筑存留，甚至什么都没留下。爱好历史的人前去旅游可能会感到兴奋，但对于那些不熟悉历史的人来说，这些地方缺乏旅行的魅力。

"AR 观光"是解决这个问题的重要手段。将现实空间与历史事件的虚拟空间重叠，游客就可以感受到历史的趣味了。

东京大学池内大石研究室主导了一项名为"虚拟飞鸟京"的项目，利用 CG 技术在飞鸟京所在地——奈良县明日香村尝试重现昔日场景。工作人员在当地设置了全天候摄像机，实时获得场景数据，叠加复原飞鸟京的 CG 图像，这样游客就可以戴着耳机在平板设备上亲身感受了。

此外，明日香实验室（Asukalab）与近畿日本旅游（Kntasia）还共同策划了"江户城天守阁、日本桥复原 3D 巡演"计划。游客通过智能眼镜，感受虚拟江户城与当今皇宫景色重叠之后的风采。

从娱乐到产业

AR、VR 技术原本的服务对象是游戏等娱乐产业，但是现在已经向技术领域不断前进了。随着 IT、IoT、通信技术的不断发展，AR、VR 技术将在越来越多的领域得到应用，当然，两种技术在娱乐领域的发展也毫不示弱。"VR 娱乐"技术，不去演唱会现场也可以体验到同样的氛围。举例来说，观看舞台剧时，戴上智能眼镜就可以看到演出剧目的信息和解说。除了英语之外，也可以显示其他语言，方便外国人了解。据说歌剧、歌舞伎、能乐等演出形式更适合有一定知识的观众欣赏。

大日本印刷公司（Dai Nippon Printing）在东京宝生能乐堂试用了"AR 能乐鉴赏系统"。佩戴眼镜后，屏幕上自动显示登场人物介绍。为了不妨碍观众欣赏剧目，显示位置被精心设定，也会配合舞台时机巧妙出现。

（日经 BP 社数字编辑部　松山贵之）

祐庆一行漫无目的逃跑

出处：大日本印刷

图 2-42　东京宝生能乐堂使用智能眼镜呈现的 AR 能乐鉴赏系统

参考文献：VR、AR、MR 商机最前线（EY Advisory&Consulting 公司著、日经 BP 社）

九、"联结"制造

——IT 与 FA 融合，"智慧工厂"成为现实

山田刚良

日经制造版块主编

工厂与工厂、工厂与人紧密相连，提高制造一线生产效率，才能创造更大价值。

面对"联结制造"的新要求，IoT、AR 等 IT 技术，协作机器人、3D 打印机等新设备，现有的 FA（工厂自动化）、生产系统的融会贯通成为必然。生产一线已经开始采取措施积极应对。

◆ IoT 工厂

收集复杂数据，提高生产效率

位于爱知县丰田市的丰田汽车高冈工厂正在对 IoT 工厂进行验证。其中一个典型的例子就是避免冲压车体零件破裂的质量改进措施，这也是冲压成型过程中常见的问题。向冲压成型机放入原材料之前，首先使用传感器检测影响成型效果的板压等数据，与预先设定的阈值进行比较，判断是否适合放入材料。以前只能在零件成型后才能目测检查有无破裂，受个人能力影响较大。

分析测量数据，以结果数据为基础，不断改进材料和冲压成型设备。而以前只有在不良品出现之后才会调查材料、模具和设备。

掌握、分析材料数据也是一种 IoT 技术，丰田公司认为"IoT 技术只是工具而已，只有人才能真正获得并使用数据"，根据数据结果改善生产工艺，培养优秀人才。"利用 IoT 技术进一步提高丰田生产方式（TPS）和人才能力的优势"。

112

联结整个工厂，大幅提高生产效率

电装公司定下宏伟目标，计划在 2020 年前将全球的 130 个工厂联网，产量比 2015 年提高 30%。

首先需要联结各种设备和系统。利用网络连接不同工厂、各条生产线、各种生产设备等，收集数据。利用人工智能分析收集来的数据。

公司中通过分析数据掌握知识、进一步提高生产效率的员工被称作"了解生产的人"，这类人才熟悉公司产品和工厂使用的各种生产设备。这也体现了电装公司对人才的重视。

机床工厂——山崎马扎克公司（Mazak）在力推"iSMART 工场"建设，将各种生产设备联入网络。2015 年，总公司附近的大口制作所上马"iSMART 工厂"系统，实时掌控现场数据，把握生产情况。数据分析可以确定生产设备维护的最佳时期，保证生产与维护同步进行，此外还使用机器人以减少人力成本。研发、生产换气扇、微波食品、隧道换气扇的松下环境系统有限公司（Panasonic Ecology Systems）表示，"顾客的反馈确实好于从前"。为了缩短交货时间和生产周期，分公司松下腾辉环境系统有限

图 2-43　工作设备全面联网的山崎马扎克公司大口制作所

公司（Panasonic Ecology Systems Ventec）小矢部厂、松下共荣环境系统有限公司（Panasonic Ecology Systems Kyoei）之间建立了订单共享系统，实现零部件生产部门的信息畅通，实时掌握生产延迟等问题，积极采取措施补救。

◆ 协作机器人

摒弃防护栏，在人类身边工作

尽管 IoT 工厂实现了设备全面联网，但是支撑公司正常运转的主体还是人，当然业界也期待着机器人技术进一步发展。近来，摒弃防护栏、直接在工人身边工作的"协作机器人"热度很高。

德国宝马集团在基础零部件的齿轮安装环节引入了德国库卡（KUKA）公司的协作机器人——"LBR iiwa"辅助工作。既确保了人员安全，又避免了齿轮轮齿的损伤，旨在进一步提高产品质量。

之前工作人员需要举起约 4.7 千克的齿轮嵌入基本零件中，经常会发生手指受伤、作业中零件碰撞损坏齿轮轮齿的情况。

资生堂（Shiseido）公司粉状化妆品的装箱流程也引入了双腕协作机器人"Nextage"技术。"Nextage"机器人可以处理 20 种以上的化妆品（包括粉底等）装箱作业。空间大小不变，机器人和人各司其职，分担作业。日立电器（Hitachi Appliances）的家用电饭锅内盖生产线也引进了丹麦环球机器人公司（Universal Robots）的协作机器人"UR10"。为了保证生产效率，此前公司一直是两人一组工作，为了进一步提高生产性能，公司最终引进了协作机器人参与生产。

不仅机械、汽车、家电产品的一线现场对协作机器人表示出浓厚兴趣，丰田汽车和欧姆龙引入的生活协作（Life Robotics）机器人"CORO"在大型牛肉饭连锁店——吉野家也大放异彩。2017 年 3 月，吉野家后厨正式迎来了新伙伴"CORO"。

"CORO"的职责是将员工清洗干净的餐具搬运到指定位置整齐摆放。此前吉野家的员工需要接待客人，还要清洗餐具、收拾餐桌，十分忙碌。今后由"CORO"将清洗后的餐具整齐归位。

图 2-44 德国宝马公司利用"LBR iiwa"辅助生产

图 2-45 资生堂挂川工厂引进了两台协作机器人"Nextage"

图 2-46 吉野家后厨的协作机器人"CORO"

2015 年，日本政府制定、修改了日本工业规格（Japanese Industrial Standards，JIS）标准，以此为契机，日本国内机器人公司陆续投放协作性机器人产品。按照修改后的 JIS 规定，经过严格的风险评估后，如果确定不存在标准以上的危险，机器人就可以在没有防护栏的条件下正常工作。

协作机器人的目标可以概括为"轻、薄、短、小"。分别对应的是减轻作业者负担——轻、与机器人关系薄浅的人也可以使用——薄、短时间内移动生产线——短、缩小生产空间——小。

◆ 金属 3D 打印

金属零件打印投入使用

和协作机器人一样悄然改变生产现场的技术还有 3D 打印技术。3D 打印技术的优点是打印形状复杂多变，形状更改时投入的成本和时间更小，可以直接用于 3D 数据成形等。现在最受业界瞩目的 3D 打印，其使用的不是普通的树脂材料，而是金属材料。

2017 年 5 月，美国匹兹堡举办了 3D 打印技术展览会，金属 3D 打印在会上赚足了眼球。主题演讲人、美国通用电气公司（General Electric Company，以下简称 "GE"）解释了使用金属 3D 打印机制造飞机发动机零件的生产工艺。"想要的时候，在想要的地方，打印想要的零件。包括供应链在内，3D 打印技术蕴含着改变整个制造业生态系统的潜力。"

2016 年，GE 先后收购了金属 3D 打印机厂商——瑞典的 Arcam、德国的 ConceptLazer。这两家公司都在进行 "粉末床激光熔融" 金属 3D 打印机的研发。这种技术选择性加热平铺的金属粉末，多次重复熔融工序，层层重积后打印出成品。这两家公司的收购金额被认为高达十几亿美元。

除了收购以上两家公司外，GE 也在自行研发 3D 打印技术，已经投入了 15 亿美元，单凭 3D 打印技术一项，预计今后十年将降低成本 30 亿—50 亿美元。3D 打印技术不仅在公司内部使用，GE 也在发展对外 3D 打印业务，计划在 2020 年前将业务规模发展到 10 亿美元。

与 GE 齐名，2015 年成立的金属 3D 打印公司——桌面金属（Desktop Metal）也在匹兹堡展览会现场吸引了不少观众的目光。该公司由总部位于美国和以色列的著名 3D 打印机厂公司——Stratasys 投资。

桌面金属开发出了两款金属 3D 打印机，分别是办公室使用的小型机和批量生产的大型金属 3D 打印机。

小型机是桌面尺寸的小型打印机，主要由烧结成型部分构成。打印机打印成型后，经过烧结后最终完成。

大型机需要使用探头对成型面进行扫描，铺撒金属粉末并压紧，涂抹黏合剂后利用陶瓷粉形成非烧结层，经过造型层干燥等一系列流程后最终得到成品。相比过去的工艺，大型机可以满足高速成型的需求。

桌面金属的出资方——Stratasys 在匹兹堡展览会上正式宣布，旗下门店将正式销售桌面金属研发的 3D 打印机。Stratasys 有关人员表示："设计和制造过程中，3D 打印机的使用方相比树脂，肯定更想拥有金属打印技术。

图 2-47　美国桌面金属的小型打印机"DM Studio Printer"

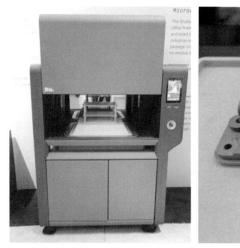

图 2-48　烧结成品的
"DM Studio Printer"

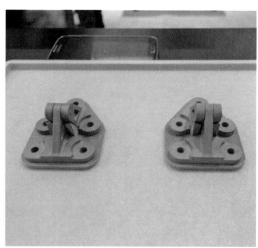

图 2-49　烧结完成的成品

图 2-50　量产的大型金属 3D 打印机 "DM Production System"

如果能够满足办公室和实际生产环境的需求，同时进行树脂和金属零件两种方式打印的话，产品的开发周期将会极大缩短。"

◆ **制造行业中的 AR**

从设计到生产，全方位广泛应用

联结生产的相关技术中，AR 起到了巨大的辅助作用。在第八节中，我们已经了解到 AR 技术在诸多领域的迅猛发展。

现实风景叠加（重叠）三维 CG 虚拟图像的 AR 技术在日本广泛应用，典型产品就是佳能公司（Canon）研发的 "MREAL"。针对大型汽车制造商、设备厂商等群体的需求，"MREAL" 可以模拟产品的操作性、设计阶段的作业流程模拟等。

"MREAL" 利用内置与头显中的摄像头拍摄真实场景，在计算机上巧妙合成真实影像和三维模型，并最终投影到头显显示屏上。

"MREAL" 的一大特征是可以完美消化真实和虚拟的前后关系。对于事先录入的特定领域，系统会自动判定现实映像和虚拟 3D 对象之间的前后关系，控制三维 CG 显示或不表示。举例来说，系统根据位置不同，将现实的手和工具影响隐藏到 3D 模型后面。

利用这个功能，有关人员就可以在验证产品操作性时，顺利掌握手、开关、方向盘之间的位置关系。工程设计过程中，有了"MREAL"技术的辅助，施工前就可以事先确认姿势、操作是否方便，以及手、工具等能否通过缝隙。

瑞典的沃尔沃宣布将引进微软 AR 技术设备——"HoloLens"。透视头戴式显示器中看到的现实世界与三维影像完美重叠，工作人员可以在工厂的实际空间中投射出汽车的三维立体模型，并准确发出作业指示。

日本微软表示，"从服务业的指令、模拟加工到安装作业的事前讨论，AR 技术的用途十分广泛"。

沃尔沃还计划开辟虚拟展示空间，为来店购车人士使用"HoloLens"

图 2-51　沃尔沃利用 Holo Lens 的场景

了解商品提供便利。买家戴上"HoloLens"，一边听讲解，一边自由改变汽车模型的颜色，追加其他选择，还可以在 AR 平台上讨论。此外，公司还在考虑利用 AR 设备发出工厂生产指示等。

整体改变产业

综上所述，工厂与工厂、工厂与人的联结正在世界各地发生。各国纷纷提出行动口号，提出了一系列产业政策。

比如德国产学研一体的"工业 4.0"，美国以 GE 为中心的"工业网络"，中国的"中国制造 2025"等。

2017 年 3 月，日本经济产业省在德国汉诺威举办的国际消费电子信息及通信博览会——"CeBIT 2017"中向世界宣布了"联结的产业社会（Connected Industries）"目标，以此作为"日本产业前进的目标"，目标的内涵是"将人、物品、机械、系统联结起来，构筑创造新价值的产业"。

日本 1997 年的制造业 GDP 总额是 114 万亿日元，达到顶峰，此后一直减少，近几年稳定在 90 万亿日元左右。从产业细化分类来看，运输机械、普通机械的 GDP 基本不变，但是电器领域的跌幅明显。"联结的产业社会"目标不仅重新审视了生产领域，而且也宏观布局了日本产业。

德国和日本在 2016 年春天决定进行国家层面的合作，决定在网络安全、国际标准化等众多领域同步前进。"联结的产业社会"在日德合作关系的基础上，将日本放在一步领先的位置。

与德国的"工业 4.0"相对，日本政府此前提出了"社会 5.0"理念。据日本经济产业省介绍，"工业 4.0"强调"技术变化"，而"社会 5.0"将焦点放在"社会变化"上。

新目标——"联结的产业社会"在"工业 4.0"的技术变革基础上，为了实现智能"社会 5.0"的目的，重新定义了"产业面貌"。新产业超越了物物联结的 IoT 概念，将人、机械、系统相互连接起来，不断创造新的价值。日本经济产业省表示："兼顾解决问题和以人为本是非常重要的思考方法。"为了实现"联结的产业社会"，今后还将推出更多的具体方案。

（执笔合作：日本经济新闻社东京编辑局数字编辑部　田野仓保雄）

十、跨行业合作、建筑技术改头换面
——世界前沿技术创新

浅野祐一

日经房屋施工板块主编

不知道大家是否听说过普利兹克建筑奖。这是由连锁酒店财团——凯悦（Hyatt）所有人发起的奖项，有"建筑界诺贝尔奖"之称。近年来，日本建筑师在普利兹克建筑奖比赛中展现了超凡实力。

2010 年以后获奖的日籍建筑家包括坂茂（2014 年）、伊东丰雄（2013年）、妹岛和世、西泽立卫 4 人（妹岛和世和西泽立卫两人搭档在 2010 年获奖）。1990 年前后的获奖人员包括：丹下健三（1987 年）、槇文彦（1993年）、安藤忠雄（1995 年）共 3 人，在世界范围内彰显了日本建筑师的非凡存在感。

从近年来的获奖者数量可见日本建筑界的坚实基础。但是单从建筑技术开发这一点来看，日本的优势却受到威胁。放眼国外，新材料、生物、机械、IT 等多个领域的先进技术正"贪婪"地侵蚀建筑领域，不断创造新的价值。

下面我们就来了解一下详细情况。

◆ 高层木结构建筑
应用高强度复合材料，施工成本大大下降

最典型的例子就是高层木结构大楼。当今世界，各国对木结构建筑的关心程度日益提高，带动全国木结构建筑的开发风潮。主要原因是可以降低环境负荷、促进地球环境再生。木材重量轻，运输、施工时的 CO_2 排放大幅减少。此外木材本身可以吸收碳，使用期间可以固定 CO_2。

基于上述优点，欧美各国常在低层建筑物施工时使用木材作为结构材料，而6层以上的高层建筑也在探索使用木材支撑结构。2017年，加拿大"Brock Commons"建筑就是其中之一。"Brock Commons"以木材作为主要结构材料，高度位居世界第一，约58.5米，共有18层，建筑面积达到15000平方米。未来将作为加拿大不列颠哥伦比亚大学（UBC）的学生宿舍使用。

一楼柱子和支撑整个建筑物的两个核心筒使用了RC（钢筋混凝土），二楼以上的柱子采用集成材料，地板则是CLT（交错层压木材）。内部装修借助石膏保证耐火性能。

建设费用大约是5150万加元，与普通钢筋混凝土的大楼相比，费用高出约8%。

2018年以后竣工的高层木结构建筑也不在少数。例如，2016年10月，奥地利高84米、共24层的木结构大楼"HoHo维也纳"正式开工。作为

图2-52　竣工的"Brock Commons"

图 2-53　木材、RC 混合建造的 "HoHo 维也纳"

包含酒店、事务所、住宅等在内的复合设施，预计将在 2018 年完工。瑞典也发表了使用木材、钢材等混合材料修建 34 层楼集中住宅的计划。

◆ Mass Timber

复合木材结构，提高产品强度

木造高层大楼建筑的关键技术之一就是上文提到的以 CLT 为代表的 Mass Timber。Mass Timber 指的是将多种木材组合在一起、提高强度的一种集成材，近年来得到迅速开发和应用。

代表型材料——CLT 纤维方向相互交错，黏合在木板上，强度极高。以奥地利为中心，CLT 快速发展普及。

除了 CLT 以外，柱子和地板黏合部分水平方向的合理施力处理方法、提高施工效果的镶板黏合手法、木材轻巧而更需要注意的隔音措施等，木造大厦的海外建设者们绞尽脑汁、钻研解决方法。

其实 CLT 等技术创新并不只是为了减轻环境负荷或者重振林业发展。木造建筑风靡全球的主要原因还是因为成本低廉。

采访中得知，木造高层大楼的建设成本（包括设计费等）与总面积的关系可以用一次函数来表示，绘制通过原点的近似曲线，曲线的角度表示木造高层大楼（包括混合构造）的单价，单位面积的成本大约是 27 万日元。随着技术的普及，CLT 等 Mass Timber 建筑的成本也会逐渐下降。海外已经出现过只有日本成本几分之一的低价。所以海外的很多木造建筑成本也更接近普通 RC 构造的价格。

实际上，有海外木造高层大楼的负责人和设计者预测，木造高层大楼的建设成本最低可以控制在相比 RC 成本低 5%—10% 的水平。随着今后的发展，设计等工序的时间也会减少，进一步削减成本。

缩短工期也是在海外高层建筑选择木质结构的一个重要原因。大量使用 CLT 的建筑省略了混凝土施工必需的钢筋铺设、工程养护，大大缩短工期。镶板所用的 CLT 只需要运到现场、使用五金装配即可。新手工作人员也能高效施工作业。工期短则工程费用降低。新技术的早日普及也会带来更多房产投资的好处。

此外，木制结构对施工时期的限制更少。建筑研究所的槌本敬大高级研究员表示："北欧等寒冷的地方冬季很难施工。"随着左右木制结构的关键因素——消防标准的放宽，无形之中也推动了木造高层大楼的普及。日本 CLT 协会业务推进部的中岛洋部长介绍："1990 年前后，欧洲各国的木造建筑大多只有二层。之后随着验证工作的推进，才有了这么多国家认可木造高层建筑。"也有说法认为，因为海外使用洒水车，所以木造高层结构的认定标准也更宽松。

与此相对，在地震多发国日本，对于抗震性能、火灾时自熄性要求极高的现行法律难以改变。尽管如此，木造高层建筑技术在日本依然获得了较高的关注度。理由与国外其他国家大体类似，主要是出于环境保护和振兴林业的考虑。

木造建筑专家、东京都市大学大桥好光教授预测道："耐火极限达到 1 小时的四层框架结构建筑已经很有竞争力，未来木结构市场也将在这种建筑需求旺盛的地方城市继续扩大。"

实际上，技术层面，日本国内已经具备了木造高层建筑的实力。耐火性能方面，大林组（Obayashi）公司也掌握了 14 层以下木造高层建筑耐火

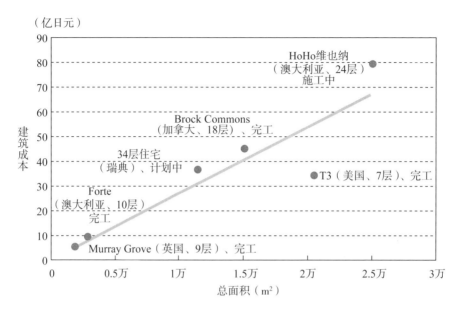

图 2-54　主要木造高层建筑成本与总面积

极限达到两小时的技术，现在的主要问题在于成本。

日本已有多家公司挑战用木制材料作为结构材料。三菱地所设计（MITSUBISHI JISHO SEKKEI）公司在钢筋结构的基础上，大胆选用 CLT 作为结构框架，建筑共有 10 层，是一栋多户建筑，该项计划已于 2017 年 1 月获得日本林野厅资助，入选国家支援事业。为了实现预期计划，公司方面还将确认防震功能和混合结构性能，计划 2019 年 3 月完工。

据说日本法隆寺的五重塔是东京天空树的灵感来源，日本曾经拥有木造高层建筑的尖端技术，我们也期待着高层木造技术绝地反击。

◆ **利用生物的自修复混凝土材料**

细菌自我修复裂痕

CLT 等木质材料获得更多关注的同时，引入前沿生物技术的创新混凝土材料也在海外问世。新材料由荷兰代尔夫特理工大学的亨德里克·容克斯副教授研发而成，在混凝土中添加了芽孢杆菌，是一种利用生物的自我修复混凝土材料。

当混凝土产生裂缝的时候，水和氧气"乘虚而入"，提前添加的营养来源——乳酸菌活跃起来，经过一系列反应生成碳酸钙。碳酸钙填补裂缝，帮助混凝土"再生"。容克斯副教授解释说："尽管不能保证强度完好如初，但是恢复填补缝隙、防止浸水等基本功能还是没有问题的。"细菌遇水之前一直处于休眠状态。而混凝土呈强碱性，需要选择不会死亡的细菌。

在细菌的作用下生成碳酸钙，最终凝固成自然界的岩石。除了用于混凝土混合材料外，这项技术还可以用来修补已有的混凝土裂痕，目前砂浆、液体修补剂等产品已经陆续上市。

日本方面，2017年，会泽高压混凝土（Aizawa）公司获得日本国内的独家销售权，今后这项技术将更加普及。

修补混凝土裂缝、早期维修延长混凝土寿命，这股风潮逐渐风靡日本。

土木结构物的社会基础设施再生、使用寿命的延长，未来维护成本的降低……社会的需求不断高涨。正如《"透视"老旧基础设施——与时俱进，内部损伤可视化》一节介绍的那样，大量基础设施的老化未来将成为严重的社会问题。

在这种情况下，利用生物功能自我治愈的混凝土材料极有可能获得巨大的日本市场份额。

◆ 3D 打印混凝土施工技术

"打印"百万住宅

施工机械化领域，全球范围的创新革命正在进行。总部位于旧金山的美国 Apis Cor 公司将现场使用 3D 打印机施工变为现实。Apis Cor 公司是一家研发 3D 打印建筑技术的初创企业，2016年12月成功在俄罗斯星斯图皮诺"打印"了一栋总面积为 38 平方米的房子。

此前也有过提前利用 3D 打印技术制作部件、到达现场后再进行组装、在室内试验搭建房屋的例子，但是现场放置 3D 打印机、随打随建、直接施工的事例还是较为罕见。

住宅建设需要使用安装了旋转轴的 3D 打印机。混凝土的吐口位置需要根据手臂的伸缩、旋转调整。摇臂长达 8.5 米，线状混凝土部件从吐口打印完成，一层一层垒出建筑物的形状。俄罗斯建造的房屋是同心圆形状，也可以打印成矩形形状。

3D 打印机构筑的墙壁棒状纤维材料代替钢筋，水平方向插入进行加固。墙壁上预留孔隙，混凝土材料层层叠压，在缝隙之间加入保温材料。

打印机的操作、控制只需要两个人即可完成。俄罗斯样品的施工过程中，3D 打印机只运行了 24 小时就全部完成。Apis Cor 公司也打出口号，短时间内几人施工，只需要 10134 美元就可以完美搭建复杂完美的住宅，物美而价廉。

复杂形状的构筑方面，3D 打印机价值巨大。相对于普通混凝土建筑花费大量时间完成复杂曲线的型板工艺。全球最大的水泥厂商——瑞士拉法基豪瑞（LafargeHolcim）公司利用 3D 打印技术建立了一套完整的混凝土建筑施工技术。拉法基豪瑞与法国从事大型 3D 打印技术系统研发的初创企业——Extre 联手开发了上述 3D 打印流程。与传统手法相比，3D 打印技术可以在较短时间内完成复杂建筑的施工工程，价格合理。

拉法基豪瑞公司没有明确透露材料和施工造价，玛莉·蒙特利诺宣传经理介绍道，"作为结构材料来说，我们使用的柱子技术价格极具竞争力"。

利用 2016 年开发的上述技术，拉法基豪瑞公司已经完成了两项大型工程。其中一项工程位于法国南部艾克斯市，是某中学运动场的承重柱。承重柱高 4 米，最大宽度 1.95 米，呈现有机设计形状。

工程骨架只使用了沙子，压缩强度还未最终测定完毕，但是从使用 28 天的数据来看，保证每平方毫米 62N 以上的高强度毫无问题。

◆ 建筑现场的机械化
劳动力严重不足的日本刻不容缓

3D 打印技术产生之前，海外不少施工现场已经广泛采用了机械化技术。反观日本，因为建筑业承担着振兴地方经济、扩大就业的重担，所以国内建筑行业对机械化的迅猛发展并不积极。

然而机械化的浪潮也在不断袭来，"冲击"着日本国内的建筑行业。2018年之后，这种趋势将更加明显。因为技术人员的高龄化、人数减少不断加速，业界对建筑行业的发展和品质保障愈发不安，自然对提高生产效率的妙招——机械化充满期待。

日本施工现场开始机械化的典型表现之一就是混凝土地面施工。

竹中工务店（Takenaka）彻底实行混凝土地面的机械化作业，提高现场的施工效率。目标是在施工的三大流程——浇筑、平整、碾压中，使用三种不同的施工设备可以缩短25%的混凝土作业工期。竹中工务店的西日本设备中心已经引进了三种设备，并用于现场施工。

机械作业按照以下顺序完成三道工序。首先在地面的混凝土浇筑工序中，使用日本国内几乎从未使用过的后背式发动机振动棒。发动机振动棒是美国北岩（Northrock）公司产品，全发动机驱动，相比需要两人完成布线工作的传统电动振动棒，节省了人力成本。这一步骤需要的作业人员由三人减少到一人。

浇筑完成后，接下来进入平整步骤。这一过程需要使用砂浆机。传统的作业过程中，施工人员始终弯腰作业，引入机械化设备后，施工人员的身体负担大大减轻。欧美国家已经广泛在混凝土地面施工中使用砂浆机。

最后一个步骤就是碾压。混凝土地面施工完成后，需要使用抹子碾压地面。竹中工务店引入了美国MBW公司的轻量骑坐式抹子机，提高了施工速度和施工效率。而以前工作人员一般只能拿着手动抹子慢慢碾压混凝土地面。

成本方面的优势将在今后使用过程中逐步体现。大成建设（Taisei）集团正在加紧研发混凝土地面的施工设备。

2018年将是日本创新性机械施工技术实践的元年。2017年7月，清水建设（SHIMIZU）在施工现场投入使用了多种机器人，对外公开表示，将会制订关西地区高层建筑施工的合理计划。此举的主要目的在于减轻工作负担、节省烦琐的重复作业。机械化领域的目标是节省70%以上的人力。

清水建设此次投放的机器人吊杆伸缩灵活，水平滑动起重机的作业半径自由调整，具体包括负责焊枪操作的焊接机器人、天花板地面两用转臂施工的多功能机器人，水平垂直搬运机器人等。各种机器人按照平板终端设备的作业指示，自动识别方位、有序操作。

机械设备的使用可以节省人力。清水建设预测，2—3处施工现场使用后，节省的人力成本可以与设备的折旧消耗相抵。

◆ **室内定位信息系统**

LED 照明通信技术室内导航

不仅建筑物施工领域飞速发展，建筑性能方面，海外各项的先进技术也彰显了独一无二的存在感。荷兰飞利浦（Philips）公司通过一项名为"可见光通信"的新技术，准确定位用户位置信息，提供系统化服务。这项技术相继被海外机构使用，日本也计划引入国内。

飞利浦开发的定位系统需要依赖 LED 照明设备。LED 照明灯光可以发出肉眼看不到的闪烁光源，用户可以通过智能手机等移动终端设备感知光线。

利用两处发射闪烁光源的照明灯具位置关系，锁定用户的位置，将信息准确发送到事先存入智能手机的馆内地图上。

室内定位信息系统已经在海外的超市投入使用。法国里尔的家乐福、阿拉伯联合酋长国之一——迪拜的"ACWA"公司等都是该系统的忠实用户。用户进入室内，系统可以显示商品位置、导航到想去的卖场，还可以准确指路。飞利浦照明（Philips Lighting）公司的牧野孔治高级总监对产品的未来充满信心，"除了超市外，交通枢纽、仓库、生产工厂等需要物品搬运的设施都适合使用"。

费用方面，相比普通的 LED 照明设备，搭载了室内定位信息系统的 LED 照明设备价格略高。飞利浦表示，照明位置信息管理、智能手机应用等服务的打包价格未来将控制在每家店铺 100 万日元范围内。

室内定位信息系统的另一大特点是精确度高。用户所在地与定位信息之间的误差不会超过 30 厘米。系统除了利用照明器具发射的可视光信息外，还结合了 GPS 系统（全球定位系统）、智能手机内置计步器等辅助信息来源。

现有 GPS 导航系统的平面导航误差大约是 1.5 米，误差大而且无法在立体建筑物中定位对象位于哪一层。不仅如此，室内定位信息系统因为和照明器具合二为一，还节省了购买设备、更换电池的费用。

使用方可以设置无线标识提供室内位置信息。增加无线标识的数量可以提高定位精度，但会增加安装、更换电池等额外要求。

无线标识的应用方面，2017 年 2 月，清水建设和日本 IBM、三井房地产（Mitsui Fudosan）联合使用智能手机进行测试，向来访者提供声音引路服务。

测试区域是东京都日本桥室町地区的 COREDO 室町 1—3、东京 Metro 银座线三越前站地下通道的部分区域、江户樱通地下通道，总面积约 2.1 万平方米。来访者利用智能手机的语音功能，输入需要服务后，人工智能助手"Watson"根据用户的想法选定地点，在手机屏幕上音声同步显示候选地点信息。来访者确定地点后语音发布指令，手机便可以自动导航到目的地。

5—10 米间隔设置的无线标识会确认用户位置是否偏离方向。清水建设计划在 2020 年前，在机场等地全面安装系统。

◆ **高性能隔热门窗**
玻璃重量减轻一半

对建筑物的一个重要要求就是节能。说起节能，最重要的部位当然是窗户。为了调整建筑物内部的温度环境，保温性能必不可少，但是窗户恰好是保温的薄弱部分。为了提高窗户的隔热性能，欧洲等地进行了大量研究，从性能来说，欧洲产品比日本产品水平高出一截。

不过最近，日本终于拥有可以与世界顶级产品竞争的高性能产品，高性能隔热门窗产品陆续上市。比如 2016 年 4 月，骊住（LIXIL）公司发售的高性能树脂门窗产品——"Regalith"。该款产品拥有世界首创的 5 层结构、高性能框架,使用了大量创新技术成果。表示隔热性能的热传导率方面,"Regalith"达到世界最高水平,约为 0.55W/m²·K。因为隔热性能堪比墙壁,所以即使增加开口面积,也不会影响室内温度环境。

产品共有推拉窗、固定窗两种选择,宽 640 毫米 × 高 1700 毫米的纵向推拉窗的建议零售价是 35 万日元,是骊住三层高性能树脂窗"ERSTER X"的 5 倍左右。尽管定价不菲,但是因为增加了开口面积,房间的通透感将大幅提升。

已经有住宅产品选用"Regalith"。今后产品的目标受众主要是寒冷地区的新建住宅和高级别墅。

"Regalith"的研发是骊住、旭玻璃(AsahiGlass)以及很多其他公司的智慧结晶。比如为了实现 5 层玻璃结构,旭玻璃公司采用了智能手机屏幕的纤薄技术,终于生产出 2 毫米、1.3 毫米厚的建筑强度薄板强化玻璃。相比传统三层门窗采用的 3 毫米玻璃,叠加 5 层之后的单位面积重量减少了一半之多。

◆ 改变工作方式的大楼

设计广受好评,就职意向倍增

办公空间的精心规划不仅可以提升功能,还可以调动生产积极性,提高员工的满意度。办公空间是公司再生和活力的源泉,不少地区已经开始考虑如何提升办公空间品质。而欧洲顶级水平、具体彰显环境性能的写字楼——"前沿(The Edge)"就是基于上述考虑、"改变工作方式"的典型建筑。

位于荷兰阿姆斯特丹的前沿大厦 2015 年正式投入使用,地下 2 层、地上 15 层,现在是影响力遍及世界的德勤会计师事务所(Deloitte)办公地,德勤也是这里的唯一租户。该建筑由荷兰房地产公司 OVG 打造,英国 PLP Architecture 建筑设计事务所设计。

目前约有 3100 人在前沿大厦办公,但是楼内只有 1000 张办公桌。取而代之的是随处可见的长椅、咖啡厅。考虑到采光问题,大楼被设计成"コ"字形,压缩的简约办公空间和连通各层的宽阔中庭为人与人的"偶遇"创造机会。

整座建筑便捷使用的关键是 IT。员工没有固定的办公空间，利用智能手机自由寻找空闲空间和工作伙伴。手机记录了每位员工喜欢的温度环境等各种信息，选定位置后，手机会参照记录对新环境进行调整。将照明面板和智能手机相连，记录正确的位置信息。

负责设计的 PLP 设计师相浦绿总监表示："德勤反馈说，'前沿'已经是我们团队不可缺少的一员，员工们工作更加努力。"

搬到前沿后，申请参加德勤招募"开放日"活动的报名者增加了 2.5 倍。应聘简历成倍增加，而 62% 的应聘者表示，前沿是他们应聘的主要理由。

2017 年 3 月，三井不动产和三井设计技术（MITSUI Designtec）以美国硅谷地区为中心，联合进行了问卷调查，发布了《美国白领调查 2016》。报告显示，高工作效率需要各种工作空间。

调查中，对希望办公室设立的空间问题，九成受访者回答了"展示室"和"集中作业角"，体现了员工希望利用作业角、合伙办公空间打造与工作相符的环境，选择个性化工作方式的意愿。

◆ 碳纤维材料抗震加固

纤维绳索修缮善光寺

上面我们介绍了海外的前沿建筑技术。有的读者可能不禁要问，日本有没有世界级别的先进技术呢？答案是肯定的。老旧设施再生过程中不可或缺的抗震加固技术就是日本傲立于世界之林的代表。

近年来，最新的抗震纤维材料技术渐渐应用于实际。2017 年，日本重要文化遗产——善光寺"经藏"的修缮加固过程中就使用了抗震纤维复合材料，新材料"CABKOMA"由小松精练（Komatsu Seiren）和金泽工业大学创新复合材料研究开发中心共同研发。与传统的钢筋支撑技术相比，"CABKOMA"对木材的损伤程度低，耐用持久。施工方便，费用低廉。生产过程中，首先将碳纤维加工成绳索形状，七束纤维合为一根，浸泡在热可塑性树脂材料后最终完成。新材料弥补了纤维易断的缺点；重量只有钢筋的 1/4，拉伸强度却提高 7 倍，轻巧坚固。"CABKOMA"的价格大约是每米 3000 日元，不生锈，不容易结露。基于如此多的优点，"CABKOMA"最终入选木造文化遗产的抗震维修工程材料。另一个使用"CABKOMA"作为抗震加固材料的建筑是 2015 年改建的"fa-bo"。"fa-bo"的设计师是新国立竞技场设计师——隈研吾大师，在 1968 年竣工的钢筋混凝土构造基础之上，对 3 层建筑——小松精练的总部旧楼进行了抗震改造。改造过程中，一方面使用碳纤维材料进行加固，另一方面巧妙地展示碳纤维材料的特性，兼顾设计的美感。此外，2018 年 JIS 将正式认定"CABKOMA"。

材料、生物、机械、IT……建筑领域吸收了各种前沿技术，为建筑设计和建筑企画带来扑面新风。本节开头介绍的日本普利兹克奖获奖者们融合新旧技术，配以独具匠心的设计，打造了一座座价值极高的建筑精品。不过这些建筑家也对日本建筑行业现状提出了自己的担心。将纸、树等素材融入设计、作品等身的 2014 年普利兹克奖获奖者——坂茂先生指出，

图 2-55　像窗帘花边的"fa-bo"外观

与欧洲等国相比，日本木造建筑发展受日本国情限制，面临加拉巴哥症候群（Galapagos Syndrome）问题，现在警钟已经敲响。日本的建筑技术确实出色。但是不能夜郎自大，一定要摆脱自己什么都是"世界最高水平"的错觉，重新审视世界上开发的多样技术和不同领域的新发展。为了保证日本建筑业在未来立于不败之地，这种态度必不可少。

十一、超越五感新设备

——新型传感器、AI 处理器应运而生

加藤雅浩

日经电子工学板块主编

尖端电子技术急剧发展，曾经认为不可能的事现在接二连三地实现。其中最为活跃的领域便是以知觉、触觉为代表的新一代传感技术、语音交互和人工智能（AI）。

这些技术拥有共同的目标，即完成只有人类才能完成的工作。好像孩子成长一样，到达一个新阶段，就掌握新高度的能力，最终完成前无古人后无来者的挑战，彻底改变生活、产业和社会。

◆ 新型图像传感器

智能相机研发如火如荼

感觉、触觉传感技术突飞猛进。感觉技术主要是以图像传感、图像处理、图像识别为代表的摄影技术。

今后技术发展的主流是如何瞬间识别拍摄场景和周围情况，也就是超过人类"能力"范畴的新技术。非民生领域的发展推动新技术前进，这些领域包括市场增长显著的汽车、无人机、监控摄像头、工业机器人等。

传统的照相技术发展主要依靠手机等民生领域的推动，追求还原真实场景、看起来美妙绝伦的视觉功能。发展的方向主要是提高像素、超越人"眼"功能。

全球范围内，稳居图像传感器最大市场份额的索尼集团在 2017 年 1 月成立了全新的"传感方案事业部"。新事业部隶属于索尼半导体解决方案公司（Sony Semiconductor Solutions），主要研发监控摄像头、无人机、工

业机器人等非民生领域传感图像传感器技术。

到目前为止，索尼公司主要致力于智能手机、数码相机等民用设备的图像传感器发展，取得了傲人的成绩。2015 年索尼公司还成立了车载业务部，研发车载图像传感器，2017 年 4 月发布了第二代车载产品，预定 2018 年 3 月量产上市。新产品"LED flicker"采用动态镜头技术，有效解决频闪问题，还可以在暗处自动补充光线，据介绍，这也将是索尼今后车载图像传感器的"磐石产品"（车载事业部车载事业企画部）。

此外，索尼公司还使用取景电子镜取代汽车后视镜，通过图像传感器同时控制"LED flicker"并捕捉 HDR（高动态范围图像，High-Dynamic Range）图像，取景技术的引入便于夜间行车时识别后方来车，及时向司机发出警告，进一步提高安全性。

索尼公司新成立的传感方案事业部目标是发展民生、车载外的第三大支柱。研发中的图像传感器产品可以对距离、偏光做出不同反应，与以往的产品截然不同。

与民生领域的照相机相比，车载摄像头、监控摄像头、产业设备等非民用设备的市场前景增长备受期待。以车载摄像头为例，根据 IHS Markit 公司的调查数据推算，2020 年销量将超过 1 亿台，比 2016 年的 5200 万台增长两倍之多。

除了备受瞩目的非民生领域外，图像传感器、图像处理、画像识别等照相机领域发展的重点是识别摄影环境，也就是要具备凌驾于人类智慧之上的新功能。

为了实现高度智能的照相机，除了二维彩色图像外，图像传感器领域也在积极研发距离、波长、偏光、高速框架等各种技术。识别信息的增加，有助于高度图像识别技术的实现。

汽车领域方面，无人驾驶传感技术的研发正在如火如荼地进行之中。每个传感器都存在适合、不适合的问题，将多个传感器结合起来，也就是所谓的"传感器融合（Sensor Fusion）"技术完胜单个传感器功能，成为无人驾驶研发的主流方向。

［控制 LED 闪烁、HDR（高动态范围图像）摄影的图像］

图 2-56　昏暗环境下依然完美摄影的索尼车载摄像头图像传感器

（模拟使用电子镜拍摄的图像）

图 2-57　索尼新研发的图像传感器利用电子镜夜间识别后方车辆大灯

车载传感器的摄像头善于捕捉车辆和行人图像，现在正在研究如何以靠近人类思维的模式进行识别。电装公司推出了深度神经网络（DNN）技术，借助深度学习提高图像识别能力。使用 DNN 技术后，车辆可以识别行人、汽车，甚至交通信号、道路等所有要素。不仅如此，为每帧画面贴标签的语义分割技术（Semantic Segmentation）也成为现实。

　　新技术识别的不是汽车、行人或白线等单独元素，而是整个驾驶场景，电装公司预测，"将事故防患于未然，车辆的驾驶将靠近人类的行为模式，安全性极大提高"。

　　监控摄像头方面，在肉眼难以观测的状况下，自动调整摄像头参数、方便严密监控的新产品陆续研发上市。例如，松下集团 2017 年 3 月上市的监控摄像头产品——"iPRO extreme"可以自动识别拍摄场景，自动调

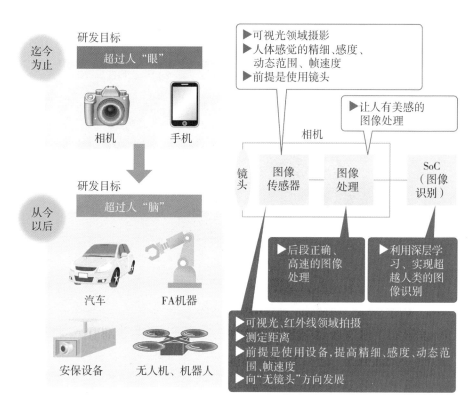

图 2-58　今后摄像头的发展方向

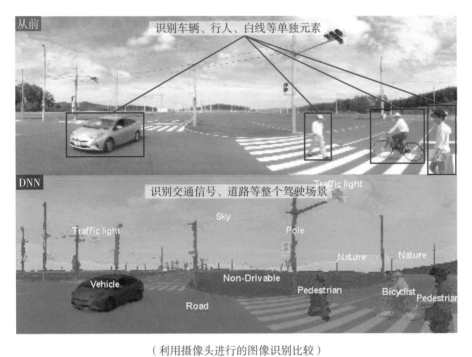

（利用摄像头进行的图像识别比较）

图 2-59 电装公司研发的"深度神经网络（DNN）"应用前后对比

图 2-60 松下新型监控摄像头可以读取行驶中的汽车车牌

图 2-61　头灯照射的车牌也可以清楚拍摄

图 2-62　逆光拍摄的行人照片比较

整（参考图 2-56）参数便于拍摄人脸。逆光时，摄像头还会自动补光便于识别人脸，避免发生以往常见的残像问题。

◆ **触觉反馈**

创新用户交互技术

新一代传感技术中，与视觉技术并驾齐驱、引发国内外研发热潮的技术正是触觉技术。

其中，通过刺激人体皮肤感受器官，为用户带来逼真触感、力度感应、压感的"触觉反馈"功能开发、产品应用呈现蓬勃发展的态势。

触觉反馈技术的代表当属 2017 年 3 月上市的任天堂家用游戏机"Nintendo Switch"。连画面中杯子加冰的动作都会呈现出细腻的真实触感，游戏机手柄中内置的"HD 振动"给用户带来逼真感受，这也是产品的最大卖点。

说起触觉反馈功能，它曾经是提醒用户接听电话、收发邮件、代替开关和按钮的朴素存在，但"Nintendo Switch"的上市给这段历史画上了休止符。

尽管触觉反馈技术还只停留在部分游戏机和智能手机使用阶段，相信今后还有更多电子设备搭载新技术，逐渐扩大适用范围。触觉反馈技术将引领电子设备的人机交互技术走向创新。

◆ 空间显示器

极大提升真实感

触觉技术的发展与视觉技术相辅相成。通过刺激视觉、触觉等多种感觉来大幅提高用户的真实体验，相关技术开发正在不断发展。

其中一个技术成果就是由传统的二维（平面）扩展到三维（空间）的显示器技术——"空间显示器"。筑波大学数码自然研究室主持者落合阳一助教研发的"Fairly Lights in Femtoseconds"就是空间显示器的具体应用。在空中点缀光电，使用三维技术描摹光点图像。振荡时间为 10^{-15} 秒的飞秒激光空间会产生等离子区域，此时看到的光点仿佛要跃入眼帘一般。

把手指靠近光的三维图形，感觉好像摸到了真正的光线一样。"有触觉的影像和真正的物质几乎没有区别"（落合阳一助教）。这是因为皮肤可以感受到等离子产生的刺激。尽管触摸的是超高温等离子光线，但是因为使用了震动时间极短的飞秒激光技术，所以不会伤害皮肤。

也有使用光波全息投影再生空间的例子。通过控制光的波动，不仅可以成像，还可以将物体托起悬浮在空中。

筑波大学的落合阳一助教发明了声波物体漂浮装置——"Pixie Dust"。

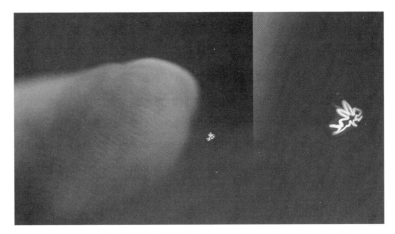

图 2-63　筑波大学研发的"Fairly Lights in Femtoseconds"

图 2-64　筑波大学研发的声波物体悬浮技术——"Pixie Dust"

图 2-65　英国苏塞克斯大学研发的超声波通信技术，可以托起物体

图 2-66　超声波通信器上用全息图表示的"镊子"

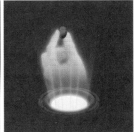

图 2-67　超声波通信器上用全息图表示的"手"

由超声波得到驻波，放入微小的球体，通过改变超声波的焦点位置，就可控制球体的移动。

类似的技术在 1975 年就被尝试过，近几年国内外的研发语法白热化。最近，东京大学篠裕之教授研究室和索尼计算机科学研究所历本纯一（东京大学教授）未来交互实验室联手共同研究。

2015 年 10 月，英国布里斯托尔大学和英国苏塞克斯大学的研究人员组成的联合小组正式发表了新技术。将 64 个周波数为 40KHZ 的超声波通信设备呈平面或半球面状排列，物体就可以逆重力悬浮在空中。压力面可以形成镊子、手或容器等形状。该小组正在尝试研发将足球托起 10 米的大型通信发射阵。

如果以上技术和空间显示器融合的话，未来我们也许可以这样在家里观看"FIFA 世界杯"足球比赛："无人不知的选手们正在我家起居室进行世纪鏖战，我们仿佛置身绿茵球场！凑近一看，哟，选手们踢的可是我这种业余选手平日练习使用的球啊。我的球以惊人的速度飞来，又以迅雷不及掩耳之势飞了出去。下一瞬间，伴随着巨大的欢呼声，我的球破门啦！"

◆ 可听戴设备

耳中电脑

听觉电子技术的进化也很显著。与视觉技术的发展类似，不少公司放弃发展"超人力"技术，转而在入耳的微型计算机——"可听戴设备"方面争夺阵地。

可听戴设备（Hearables）终端取名自"听（hear）"的英语发音，与"wearable"连用后构成新词，主要指使用无线蓝牙技术的无线耳机、助听器等。代表性的产品当属智能手机、音乐播放器使用的无线耳机与智能手机连接的助听器等。

最近备受瞩目的产品当属连接左右扬声器、省略连接线的"无线立体声耳机"产品了。

无线立体声耳机刚刚出现不久。2015 年 12 月，瑞典 Epicor 公司上市了 EARINM-1 同款耳机。2016 年 1 月，德国 Bragi 的 THE DASH 加入战场，产品开始呈几何级爆炸增加。现在仅在美国上市的产品就超过了 40 种。

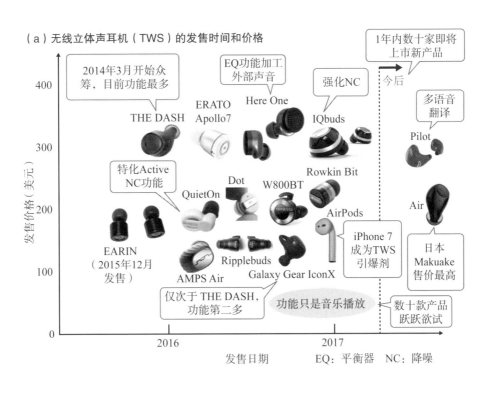

（a）无线立体声耳机（TWS）的发售时间和价格

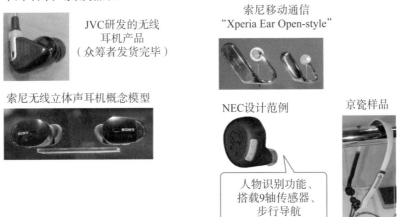

（b）日本厂家陆续加入

JVC研发的无线耳机产品（众筹者发货完毕）

索尼移动通信 "Xperia Ear Open-style"

索尼无线立体声耳机概念模型

NEC设计范例

京瓷样品

人物识别功能、搭载9轴传感器、步行导航

图 2-68　无线立体声耳机（TWS）的发售时间和价格

如果加上正在开发中的产品，数量将超过 60 种。

急剧增加的原因之一是美国苹果新款 iPhone 7 手机去掉了耳机线。预计 iPhone 7 的全球销量将达到 2 亿台，鉴于这种特殊需求，很多厂家在 2016 年秋天同时上市了无线耳机、无线立体声耳机等产品。

甚至有的公司不再将无线立体声耳机局限于音乐播放范畴，开始发展高性能的耳中电脑。不主攻音乐播放，甚至省略了播放功能的产品正式登场。

具体来说，2017 年 9 月，众筹了 5 亿日元资金的美国 Waverly Labs 公司在英语圈发售"PiIoT"产品。这款耳机的卖点是多语言同声传译功能。如果双方都佩戴了"PiIoT"耳机，即使语言不同，听到的也是翻译过的语言。

无线立体声耳机的同声翻译功能先驱——"Bragi"预计近日上市类似产品。Bragi 与美国 IBM 合作，计划通过人工智能系统"Waston"实现同声传译等多种功能。

芬兰的 QuietOn 公司在 2016 年推出了屏蔽噪音的特殊电子耳栓。没有音乐播放功能，省略操作按钮，只依赖收纳盒兼充电器完成操作。

广岛市立大学信息科学研究专业的谷口和弘先生发明了具有音乐播放及很多其他功能的耳中电脑"Ha lo"。谷口先生在 2008 年就预测到耳中电脑对社会的影响，使用"earable"的称呼。

耳中"秘书"的世界

可听戴设备的用途将进一步扩大。体育指导、工作日程管理、新闻邮件的收读等，各种功能的产品陆续上市。更有的公司开始研发带有每日健康检查、外出导航功能的新产品。

可听戴设备详细掌握用户身在何地、正在做什么，并用语音传达准确信息，像是秘书和管家一样的存在。

支撑这些功能的"功臣"是可听戴设备中的各种传感器、语音交互界面和云端人工智能技术。传感器本身相同，受数据采取方法的影响，可以用于不同的用途。

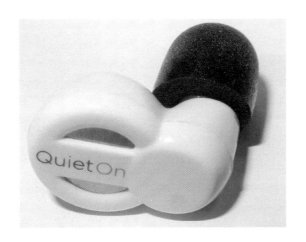

图 2-69 屏蔽外部噪音的电子耳栓

图 2-70 搭载多语种同声传译
功能的 TWS 耳机

太阳能电池

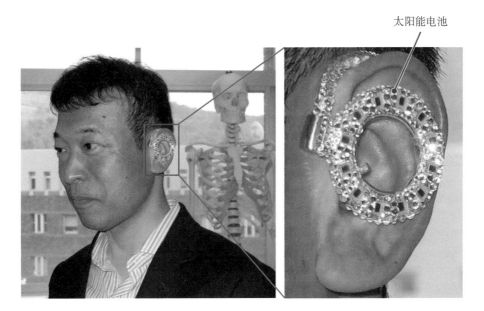

图 2-71 除播放音乐功能外，具有其他功能的实验耳中电脑

147

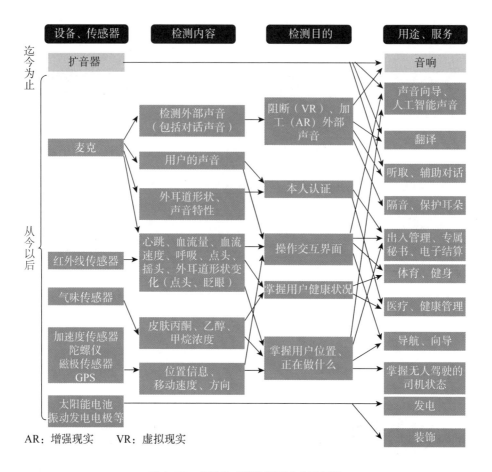

图 2-72　各种传感器的检测内容及目的

◆ **语音交互**

"会话"新平台

语音交互技术也发生了巨大改变。"语音交互"的全新用户界面被更多关注。超越传统意义的键盘和触摸屏，作为调动人力和各种服务的工具，语音交互技术开始走入我们的生活。

美国 IT 巨头微软公司、脸书、亚马逊都不约而同地加速推进语音交互技术的使用。

微软 CEO 萨提亚·纳德拉（Satya Nadella）满怀自信，"利用人类语言的力量，搭建新的对话平台"。微软公司的 Windows 平台搭载了标准语音识别、语音对话功能的"Cortana"技术，对话信息显示功能、"SKYPE"技术和"SKYPE"聊天机器人（Bot）等。

纳德拉首席执行官解释说："Cortana 等数码助手为您打开浏览器等应用程序，聊天机器人就是打开的一个新窗口。"也就是说，用户向 Cortana 发出指令，启动聊天机器人后，用户可以一边语音对话一边享受各种商业服务。

2014 年 11 月，美国亚马逊发售的对话式智能音箱"Echo"是新技术的起源。在 2015 年年末的商业大战一炮而红之后，Echo 的销售持续走高。

Echo 是第一款语音商业产品。音箱自带声音识别功能、对话功能的"Alex"助手。唤醒"Alex"后，用户即可发出各种指令，比如检索音乐、打开房间照明、朗读新闻、下单购买亚马逊产品等。

不仅如此，亚马逊以外的第三方提供的"Skill"功能也在急剧增长。比如使用"Alex"预订比萨，"Alex"会唤醒商家的"Skill"，询问用户需要的比萨种类和数量。用户通过扬声器进行实时语音互动，获得身处餐厅一样的点单感受。

◆ AI 处理器

用户端推理，云端学习

不管传感技术怎样进化、如何收集收据，如果数据分析能力和手法没有进步的话，传感技术数据也将面临英雄无用武之地的窘境。

幸运的是，擅长数据分析的人工智能技术正在迅速发展。2016 年 3 月，谷歌的阿尔法狗（AlphaGo）打败围棋等积分排名世界第一的棋手，而这只是序曲而已。日本国内 AI 研究的第一人表示："连一年前写的研究计划都已经过时。"如此猛烈的发展势头目前还没有衰退的迹象。

"AI 处理器"是实现人工智能高速推理、学习的重要科技，目前全球范围的研发战争已经打响。

半导体行业的龙头企业——美国英特尔公司曾宣布，公司将在 2016

年11月发布人工智能运行的新型芯片，引领人工智能市场不断发展。无论是电脑还是服务器、云计算数据中心，英特尔的上述宣言充满着掌控市场的自信。

当然不止英特尔公司树立了目标。AI处理器行业的知名企业也都进军"AI处理器"领域。2016年10月底，韩国的三星电子（Samsung）投资英国深度学习处理器公司Graphcore。11月末，富士通公司宣布将在2018年度发售新开发的深层学习处理器。2016年5月，美国谷歌公司对外公布，打败顶级棋手的阿尔法狗搭载的正是公司自行研发的高性能处理器（Tensor Processing Unit，TPU）。

AI处理器是IoT技术用户端、云端不可或缺的技术，但是双方对AI处理器的要求各不相同，AI处理器技术也在朝着不同方向发展。

用户端指的是现场设备或用户使用的终端。用户端的AI处理器需要具备超越人类五感的高度智能。云端指的是对现场设备、终端收集的大数据进行分析的服务器或云计算数据中心。云端的AI处理器需要挖掘隐藏

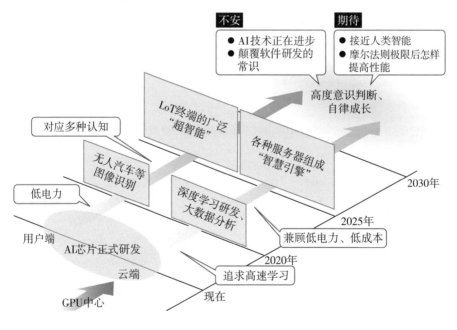

图 2-73　AI 芯片发展的两大方向

在大数据中的智慧。

正如《不会碰撞的汽车——从高速公路到停车场的无人驾驶》一节中介绍的那样，现有的 AI 处理器大多使用了一种名为图形处理器（Graphics Processing Unit，GPU）的通用半导体元件，文如其名，GPU 就是图像处理的设备。

无论是用户端还是云端，双方都不满足于 GPU 的性能，向着更高的方向发展，厂商也提出了多种 AI 处理器的升级方案。没有人知道哪种方案会最终胜出，新一代电子设备的头脑大战已经吹响了战斗号角。

原动力是深度学习

AI 处理器"研发大战"的背后是对巨大潜在市场的期待。美国调查公司 Tractica 表示，包括深度学习处理器在内的 AI 处理器市场规模在 2016 年就超过了 11 亿美元，2025 年将超过 574 亿美元，增长 50 倍之多。

GPU、网络产品、存储设备等硬件，云服务等人工智能相关市场总额在 2025 年将超过 2400 亿美元。

大市场的预测充分考虑到了随着人工智能的进步，现有技术无法实现的事情在未来可能实现。人工智能技术进步的原动力、推动者就是时下十分流行的深度学习（Deep Learning）。深度神经网络通过学习大量数据不断提升自身画像识别、声音识别等能力，在这些方面超越人类。深度神经学习技术得出的算法具有普遍适用性，随数据变化，可以用于多种用途。

深度学习的特征是自动找出数据中潜藏的重要模式。以读取了大量照片的图像识别深度神经网络为例，系统可以从第一次上传的照片中顺利分辨出哪个是人、哪个是猫。其原理是从学习过的大量数据中找出人和猫的图像特征。如果将这种隐藏特征的寻找能力应用到大数据解析中去，就可以发现更多无人知晓的新知识，这也是查明病因、研发新材料的重要突破口。

AI 处理器的目标之一就是提高用户端设备的深度神经学习能力。如果与传感器相连的 AI 处理器能够进行高精确度模式的识别，人类就可以掌控前所未有的控制技术和信息处理能力，比如直接找出可疑人员的监控技

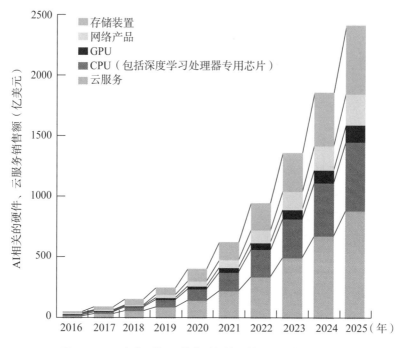

图 2-74　深度学习等 AI 技术引领的硬件、云服务市场规模

术等。

各种传感器和 AI 处理器的组合为用户端客户提供了超越人类五感的新技术。可以说，"超感知觉"电子设备的研发是用户端 AI 处理器的最大目标。当然，深度神经学习网络的推理作业离不开低能耗、高速运行性能。

另一方面，云端对 AI 处理器的要求更侧重于增强知识，实现"超感知性"。这一要求的实现需要借助大规模、复杂的深度神经网络，高速学习海量数据的处理性能。

用人来比喻的话，现在的人工智能技术还处于幼儿阶段。尽管可以识别图像和声音，但只是单纯的记忆、几乎没有运动能力。现在云端人工智能技术已经进入成长阶段，今后用户端技术也将开始成长。

用户端与云端的人工智能都在进化，主要掌管运动功能，后者进行高度知识积累。随着半导体技术的进步，云端技术也将逐渐转移到用户端。

用户端的需求主要是个人助手、家庭机器人、无人驾驶、工厂工作等技术，主要在物理空间内辅助人类。2020年左右，AI处理器将掌握自动移动的能力。通过传感器认识外界、自动判定行驶路线的无人驾驶汽车、无人机、工厂机器人、自动故障检测机床产品将陆续登场。

下一阶段则是收拾房间、收纳衣服等代替人类完成复杂动作的阶段。预计21世纪30年代中叶，上述技术将成为现实。利用深层学习技术研究计算机视觉、机器人的常青藤名校——加利福尼亚大学伯克利分校教授特里沃·达雷尔（Trevor Darrell）预测，对用户指示"言听计从"的家务机器人将在"十年后实现"。

用户端技术的智能水平也将逐渐提高。家务好帮手——家务机器人会记录主人的爱好，还可以与主人对话。为了高效工作，机器人还会制定长期行动计划，还可以根据实际情况灵活变通。

上述功能能否全面实现，受半导体的性价比、网络速度等因素制约。如果一切顺利，未来将是机器自动判断、协调行动的和谐世界。

预计2030年前后，无数台预测人类行动的机器相互配合、各司其职

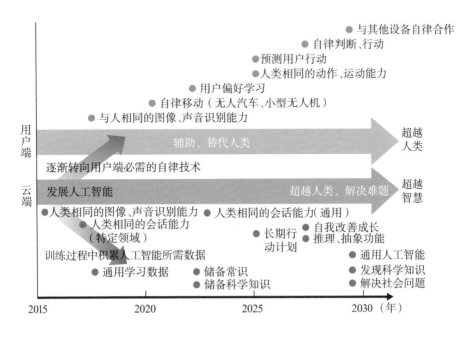

图 2-75 从辅助人类到"超越人类"

的场景将正式出现。通过机器人的合作，人类可以超越自身能力的可能范畴，完成"超人"才能完成的不可能任务。

另一方面，云端的发展目标是无限接近人脑，继图像和声音认识功能后，流畅的语言会话能力也会得到发展。某些特定领域的预言能力已经接近人类。快的话，不限话题的杂谈水平也将在 2020—2025 年间接近人类水平。

AI 未来的发展方向是掌握抽象思考、类推能力，甚至通过主动学习来改变自己，不断成长。有意见认为，21 世纪 20 年代中期，这种技术就将出现。日本国内的研究人员在 2015 年 8 月齐聚一堂，正式成立了 Whole Brain Architecture Initiative（WBAI）协会，提出 2025 年之前实现与人脑并驾齐驱的人工智能技术。

云端人工智能技术不会停留在人脑水平。通过 IoT 数据分析和人工智能训练，逐渐积累人工智能知识，利用数据培养高度思考能力，最终超过人类知识、寻找最佳解决方案。这就是"超级智能"目标。

（执笔合作：日经技术在线主编　大石基之）

第 3 章
最想了解的技术清单

第 3 章从多种技术中精选了最值得了解的部分，由日经 BP 社的专业主编和记者为大家进行深入浅出的解说。第 3 章的技术清单由执笔第 2 章的主编和专业记者经过慎重讨论后决定，按照第 2 章介绍的"多种融合产生价值"的线索为您娓娓道来，具体入选的技术大致可以分为五个方向。

（一）人类再生

在第 1 章技术期待度排行榜中，"再生医疗"稳居首位，本节主要介绍的就是以"再生医疗"为代表的各种医疗技术手段。有克服癌症——这个与心力衰竭"齐名"的恶魔的治疗手段和治疗药物，也有准确、无负担检验人体状态的新方法，最后是医疗技术范畴以外、备受期待的"基因编辑"技术。

（二）车辆再生

本节主要介绍电子工学和机械科技等内容，主要是汽车相关的重要技术。汽车产业是日本盈利的大头，相关企业集团不胜枚举。无人驾驶、电动汽车（EV）也是时下流行的再生话题。"全固体电池"作为"EV 专用锂电池"的一种成功入选期待度排行榜前 3 名；"混合材质结构"和"超强张力钢板"等制造领域的最新动向、"第五代移动通信系统（5G）"和"OTA（Over The Air）"等 IT 融合技术也将在本节中详细讨论。

（三）现场再生

处理信息的 IT 技术适用于任何领域。这一节将详细介绍物流、农业、土木、医疗、护理、广告等现场业务中的 IT 技术应用以及改变现场的具体措施。无人机作为有效手机图像信息的手段被广泛关注，其实无人机也属于广义范畴的 IT 技术。"超小型电脑"和"儿童编程语言"是更容易掌握的计算机程序学习手段，从兴趣和教育的现场，为大家带来不同于商业的新风。此外，"超小型火箭"是改变火箭发射方式的有益尝试。

（四）建筑再生

土木工程、建筑技术源远流长，不少国家也在孜孜不倦地研发、实践新技术。本节主要介绍地震对策、隧道施工方法、混凝土新用法等。另外，本节还会涉及街道再生中借助自然景观的"绿色基础设施"、快递时代的"住户快递柜"等内容。

（五）IT 再生

如果从数字计算机的产生开始计算 IT 历史的话，IT 行业只是"70 多岁"、十分年轻的"小伙子"，发展前景一片大好。另一方面，方便 IT 技术普及的机器人过程自动化（Robotic Process Automation，RPA）和"网络情报"技术与日俱进。本节还会介绍电子设备制造的基础技术和 IoT 时代的通信规格。

（日经 BP 总研首席研究员　谷岛宣之）

一、人类再生

1. 再生医疗
四项产品进入实用阶段，研发项目数量众多

再生医疗是利用正常的细胞组织治疗因生病、受损而失去功能的脏器和人体组织的技术。再生医疗大体可以分为培养表皮、软骨、片状心肌细胞，细胞重组，向人体注射细胞、使用细胞药物等几种方法。目前获得日本医药品医疗设备法律（《药机法》）批准、纳入保险治疗范畴的再生医疗产品共有四种。其中，利用细胞再生、重组等组织工程学技术的产品共有三种，分别是 J-TEC（Japan Tissue Engineering）公司推出的体外培养患者表皮细胞切片、用于治疗烧伤的 "Jace" 产品；培养患者的软骨细胞，包入高分子凝胶后移植到关节的 "Jack" 产品；泰尔茂（TERUMO CORPORATION）公司推出的将严重心衰患者的肌肉细胞切片、移植到心脏表面的 "Heart Sheet" 产品等。

细胞药物方面，JCR 制药（JCR Pharmaceticals）公司推出了 "TEMCELL HS 注" 产品。将骨髓间充质干细胞作为有效成分，可以有效控制白血病造血干细胞移植后产生的免疫反应。

无论是初创企业还是大型制药企业，日本国内再生医疗产品的研发技术迅速发展。

（日经生物科技　高桥厚妃）

2. 免疫检查点抑制剂
阻断癌细胞回避免疫体系

"免疫检查点抑制剂" 帮助免疫 T 细胞识别人体免疫反应的漏网癌细胞，利用 T 细胞攻击癌细胞进而达到治疗目的。

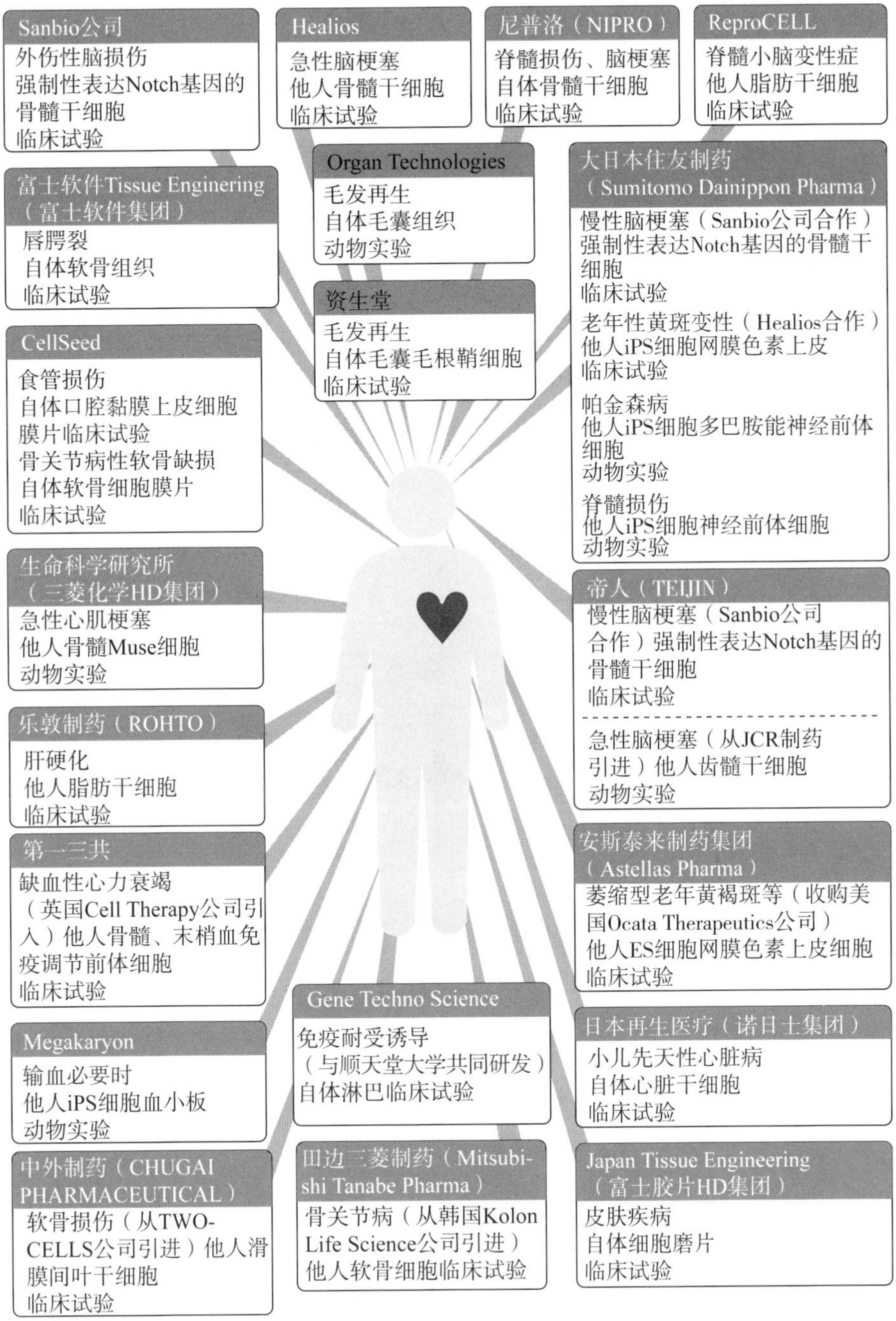

Sanbio公司
外伤性脑损伤
强制性表达Notch基因的骨髓干细胞
临床试验

Healios
急性脑梗塞
他人骨髓干细胞
临床试验

尼普洛（NIPRO）
脊髓损伤、脑梗塞
自体骨髓干细胞
临床试验

ReproCELL
脊髓小脑变性症
他人脂肪干细胞
临床试验

Organ Technologies
毛发再生
自体毛囊组织
动物实验

大日本住友制药
（Sumitomo Dainippon Pharma）
慢性脑梗塞（Sanbio公司合作）
强制性表达Notch基因的骨髓干细胞
临床试验
老年性黄斑变性（Healios合作）
他人iPS细胞网膜色素上皮
临床试验
帕金森病
他人iPS细胞多巴胺能神经前体细胞
动物实验
脊髓损伤
他人iPS细胞神经前体细胞
动物实验

富士软件Tissue Enginering
（富士软件集团）
唇腭裂
自体软骨组织
临床试验

资生堂
毛发再生
自体毛囊毛根鞘细胞
临床试验

CellSeed
食管损伤
自体口腔黏膜上皮细胞膜片临床试验
骨关节病性软骨缺损
自体软骨细胞膜片
临床试验

帝人（TEIJIN）
慢性脑梗塞（Sanbio公司合作）强制性表达Notch基因的骨髓干细胞
临床试验
- - - - - - - - - - - - - - - - - -
急性脑梗塞（从JCR制药引进）他人齿髓干细胞
动物实验

生命科学研究所
（三菱化学HD集团）
急性心肌梗塞
他人骨髓Muse细胞
动物实验

乐敦制药（ROHTO）
肝硬化
他人脂肪干细胞
临床试验

安斯泰来制药集团
（Astellas Pharma）
萎缩型老年黄褐斑等（收购美国Ocata Therapeutics公司）
他人ES细胞网膜色素上皮细胞
临床试验

第一三共
缺血性心力衰竭
（英国Cell Therapy公司引入）他人骨髓、末梢血免疫调节前体细胞
临床试验

Megakaryon
输血必要时
他人iPS细胞血小板
动物实验

Gene Techno Science
免疫耐受诱导
（与顺天堂大学共同研发）
自体淋巴临床试验

日本再生医疗（诺日士集团）
小儿先天性心脏病
自体心脏干细胞
临床试验

中外制药（CHUGAI PHARMACEUTICAL）
软骨损伤（从TWO-CELLS公司引进）他人滑膜间叶干细胞
临床试验

田边三菱制药（Mitsubishi Tanabe Pharma）
骨关节病（从韩国Kolon Life Science公司引进）
他人软骨细胞临床试验

Japan Tissue Engineering
（富士胶片HD集团）
皮肤疾病
自体细胞磨片
临床试验

图 3-1　日本企业研发的再生医疗产品（治疗癌症产品除外）

159

人体免疫系统可以识别和排除异物。免疫系统的一部分，一种名为"细胞毒性T细胞"的免疫细胞主要负责识别和攻击异物。当然人体免疫系统为了避免免疫过度攻击自体细胞，所以预留了抑制免疫反应的通路，这就是"免疫检查点"。

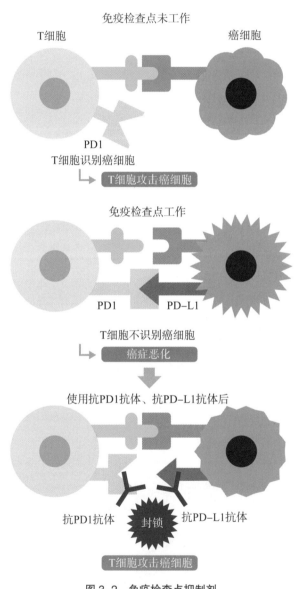

图3-2 免疫检查点抑制剂

免疫检查点抑制剂就是阻碍免疫检查点，刺激细胞毒性 T 细胞攻击癌细胞的新型抗癌药物。癌细胞十分狡猾，会利用免疫检查点的机制巧妙避开免疫 T 细胞的攻击。

代表性的免疫检查点抑制剂有小野药品工业（ONO PHARMACEUTICAL）的"Opdivo"、美国默克集团（Merck）的 MSD 的"Keytruda"等。Opdivo 和 Keytruda 等药物与细胞毒性 T 细胞表面的"PD1"免疫检查点分子结合，阻碍部分癌细胞的 PDL1 和 PD1 的结合，也就解除了免疫反应的限制。

Opdivo 等药物在部分癌症治疗中发挥了令人惊叹的效果，各家公司也纷纷加入免疫检查点抑制剂的开发阵营，竞争愈发激烈。与 Opdivo 类似，除了与 PD1 分子结合外，也有与 PDL1 结合，或者与其他免疫检查点分子结合的药物陆续研发成功。

（日经生物科技　高桥厚妃）

3. 溶瘤病毒

溶瘤病毒制剂登场

癌细胞感染上溶瘤病毒后，病毒会迅速繁殖并最终溶解癌细胞。癌细胞被溶解、破坏后，溶瘤病毒会扩散到细胞外，继续感染下一个癌细胞。这也会激活人体自身的免疫功能。如果与热门的 Opdivo 等癌症治疗药物一起使用，治疗将取得事半功倍的效果。

溶瘤病毒可以改变、重配多种病毒的基因，比如导致感冒的腺病毒，导致单纯性疱疹感染症的疱疹病毒等。这些特性可以防止癌细胞以外的细胞感染病毒，即使感染也很难繁殖。

2015 年，美国安进（Amgen）公司的 IMLYGIC 正式获得审批。此后多家大型制药公司纷纷出手，以获得初创企业研发的药品技术和销售权。

日本也在研发相关技术。Oncolys BioPharma 公司在溶瘤病毒研究方面取得了不菲成绩，研发出了 Telomelysin，并于 2017 年在日本招募食道癌患者开始临床试验。

（日经生物技术副主编　山崎大作）

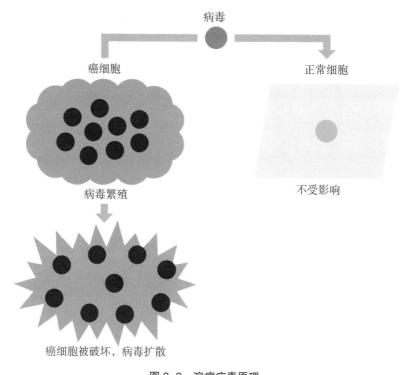

病毒

癌细胞　　　　　　　　　　　　正常细胞

病毒繁殖　　　　　　　　　　　不受影响

癌细胞被破坏，病毒扩散

图 3-3　溶瘤病毒原理

表 3-1　日本实验中的溶瘤病毒

公司名称	研发中的癌症	使用病毒
Oncolys BioPharma	各种实体癌	腺病毒
第一三共	恶性神经肿瘤（脑肿瘤的一种）	单纯疱疹病毒Ⅰ型
宝日医生物技术公司（Takara Bio）	恶性黑色素瘤等	单纯疱疹病毒Ⅰ型
鹿儿岛大学	骨软组织肉瘤	腺病毒

4. 嵌合抗原受体 T 细胞免疫疗法（CART 疗法）

特异杀伤细胞完灭癌症

嵌合抗原受体 T 细胞免疫疗法（CART 疗法）是将免疫细胞改造成人为攻击型细胞，强力摧毁癌细胞的细胞疗法。

CART 疗法的主流疗法利用了癌症患者自身的 T 细胞。具体来说，首先从癌症患者的血液中分离出一种名为"T细胞"（图中蓝色细胞）的免疫细胞，在T细胞中嵌入"嵌合抗原受体"（图3-4上橙色部分）基因。嵌入成分的T细胞只对癌细胞产生反应，具有攻击癌细胞的免疫细胞功能。增加"超强攻击型"T细胞的数量后重新输入患者体内。此时回到患者体内的超攻击型T细胞充分发挥癌细胞的攻击作用，同时增强细胞活性并不断繁殖，保证长期的高度攻击能力。

2017年8月末，瑞士诺华公司（Novartis）研发的"tisagenlecleucel"嵌合抗原受体T细胞疗法（CART疗法）首次被美国认可。

接受CART疗法治疗后，大部分患者的病情得到控制。诺华公司以一种危及生命的白血病为实验对象，以癌细胞共通的记号作为目标，使用CART疗法进行治疗，用药3个月之后发现，83%的患者体内癌细胞几乎全部消失。

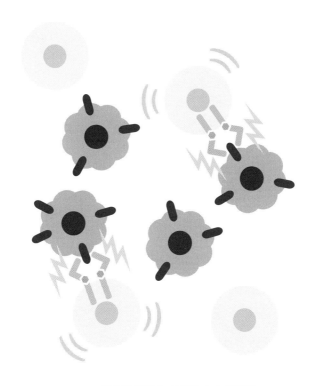

图3-4　嵌合抗原受体T细胞攻击癌细胞

此外，恶性淋巴瘤治疗方面，Kite 制药（Kite Pharma）初创企业已经向美国递交了 CART 疗法的认定申请。日本国内方面，诺华日本法人公司诺华制药，与宝日医生物技术及第一三共公司（Daiichi Sankyo Company）共同研发重度白血病、恶性淋巴瘤方面的 CART 疗法应用。与超强攻击效果相伴生的是 CART 疗法的副作用。应用于临床后，如何快速发现、应对副作用也成为需要解决的课题。此外，现阶段的 CART 疗法全部是"量身定做"，生产和配送成本高昂。相关方今后不仅要考虑如何降低成本，还应该从社会层面研究医疗费的支付难题。

（日经生物科技副主编　久保田文）

5. 癌症荧光喷雾

辅助术中迅速诊断

在可能患癌的部位轻轻一喷，几分钟之内只有癌细胞部位会发光，这就是"癌症荧光喷雾"。不久的将来，癌症荧光喷雾作为辅助内镜检查和手术的利器，有可能出现在医疗现场。

为了将这种喷雾应用于乳腺癌"术中快速病理诊断"技术中，2018 年获得药品批准，目前癌症荧光喷雾的性能评审工作已经全面开展。食道癌的内镜检查、手术安全性测试工作也拉开序幕。

这种喷雾的学名是"荧光探针"，由东京大学研究生院药学研究科、医学系医学研究科的浦野泰照教授与美国国立卫生研究所（NIH）小林久隆主任研究员共同开发。试剂与某些蛋白分解酶反应后就会发出荧光，其主要成分是有机小分子。

荧光探针是一种结合了氨基酸和若丹明类荧光分子的试剂，正常状态下无色无荧光。试剂遇到癌细胞表面的蛋白分解酶后，加水分解的荧光分子马上从氨基酸中游离出来，进入癌细胞内部并发出荧光。在疑似癌症的地方只要喷上不到 1 毫克的喷雾，几分钟内患癌之处就会亮起来。

该试剂临床研究的重要领域就是乳腺癌。为了避免病灶残留，乳腺癌手术过程中需要现场制作切片（切除断面）标本，检测癌细胞是否彻底清除，这就是"术中快速病理诊断"。荧光探针技术可以迅速做出诊断，是减轻外科、病理医生负担的重要手段。

迄今为止，荧光探针技术在验证中取得了90%以上的准确率，可以明确识别乳腺癌。以济生会福冈综合医院（福冈市）为中心，多所机构正在对乳腺癌进行临床研究，并收集一整年的数据。按照要求，向医药品医疗器械综合机构（Pharmaceuticals and Medical Devices Agency，PMDA）申请进行药物临床试验时，必须提交相关数据。快的话荧光探针将在2018年度提出药品准入申请。

在乳腺癌手术中，为了保护乳房形态完整，很多患者都选择了部分切除，但是部分切除法也增加了癌症残留的风险。为了检查有无残留，所以手术中需要进行"术中迅速病理诊断"，但是不少医疗机构都面临着病理医生不足、业务量大等问题，很难彻底实行。

五稜化药（Goryo Chemical）和浜松光电（Hamamatsu Photonics）公司都加入了研究阵营。东京大学浦野教授授权，五稜化药负责制造荧光探针，浜松光电则着手研发量化测量荧光强度的装置。

（日经数码健康　大下淳一）

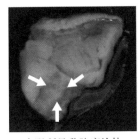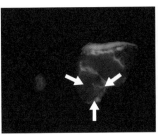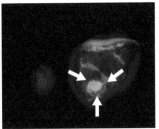

肉眼所见乳腺癌检体　　　　荧光喷雾喷洒前　　　　荧光喷雾喷洒3分30秒后

出处：东京大学研究生院浦野泰照教授

图3-5　喷洒荧光喷雾后发光的癌症区域

6. 体内医院

智能纳米技术攻击癌细胞

"体内医院"是人体自身在必要场合、必要时间进行诊断和治疗的技术。

被称为"智能纳米机器"的纳米分子在体内游走，对癌症等疾病进行现场诊断和治疗。纳米医疗项目中心（Innovation Center of Nano Medicine）以"体内医院"为主要目标，该项目已经入选日本文部科学省创新产出项目据点 COINS 计划，中心主任是片冈一则。

为了实现智能纳米机器技术，片冈等人开发出了靶向攻击癌症的药品释放系统。利用亲水性和疏水性高分子作为组织，用纳米胶囊（高分子胶束）包裹药剂直达患处进行治疗。

包裹抗癌药的高分子胶束开发凝结了众人心血，需要把高分子胶束的直径设计成病毒大小的 30 纳米和 100 纳米，只有这样才能保证其不会进入正常组织的血管间隙，但能进入癌症组织血管特有的大间距缝隙。只有这样才能保证对癌症的靶向用药效果。

癌症组织的 PH（氢离子指数）值低于正常组织，发生反应后，高分子胶束破损，内部的抗癌药被释放出来。高分子胶束像"特洛伊木马"一样进入癌症组织，发起猛烈进攻。不少企业正在研发包裹抗癌药物的高分子胶束技术，临床试验正在进行中。

包裹抗癌药物的高分子胶束是实现智能纳米机器技术的第一步。第二步，片冈等人正在致力于兼具诊断、治疗效果的药剂研发。成果之一就是"纳米机器造影剂"，它有利于通过 MRI（核磁共振成像）可视化检查癌症中恶性、难以治疗的部分。包裹了锰造影剂的纳米粒子在胃酸的作用下，只对癌症特有的环境产生反应，释放造影剂。

片冈认为纳米机器技术的最终目标是收集患者体内的所有生物信息，反馈给内置于体内的芯片，从而完成疾病诊断。可以说这个设想与小行星探测器构造相像，也许未来的哪一天，半个世纪前科幻电影《神奇的旅程》（Fantastic Voyage）中描绘的世界真的会成为现实。

（日经数码健康　大下淳一）

166

用药前的癌症组织MRI（3D）　　　　用药后的癌症组织MRI（3D）

癌症

使用纳米造影
剂后

图 3-6　纳米造影剂可视化呈现癌症的恶化程度

7. 虚拟肠镜

取代传统内窥镜，减轻患者负担的癌症检测方法

"虚拟肠镜"利用多层螺旋 CT（计算机断层摄影）拍摄大肠，通过计算机处理制作大肠的三维图像，帮助医生发现息肉、癌症病变，也被称作"CT 结肠镜"。

虚拟肠镜使用 16 排以上的多层 CT 短时间内精确拍摄大肠的蠕动情况，这种技术已经开始在临床使用。多层 CT 拍摄的无数薄片横断图像组合成三维图像后，几乎与内窥镜的观察效果相差无几，所以这种技术也被称为"虚拟内窥镜"。

经过临床观察研究，虚拟肠镜技术在找出病变的灵敏度、特异度方面与内窥镜检查不分伯仲，不少深度体检机构也开始引入虚拟肠镜检查。大肠褶皱多且形状弯曲，使用虚拟肠镜之后，即使是隐藏在褶皱内侧的病变也可以准确发现。

CT 检查过程中，少量的放射线辐射是不可避免的，据日本国立癌症研究中心介绍，模拟整个虚拟肠镜检查过程后，二体位的辐射量共计为 2-3mSv，是灌肠 X 射线检测辐射量（10-12mSv）的约 1/5。

目前的大肠癌检查中，首先需要对患者进行大便潜血试验，确定为阳性后再进行大肠内窥镜检查。考虑到服用泻药、事先处理过程的复杂和羞耻心等众多因素，女性对内窥镜检测往往敬而远之。而且实际检测过程中，真正需要检测的人群只有三成左右。不仅如此，检查时内窥镜从肛门插入再拔出，隐藏在大肠褶皱内侧的隐藏病变很难被发现。

（日经医学编辑部长　大泷隆行）

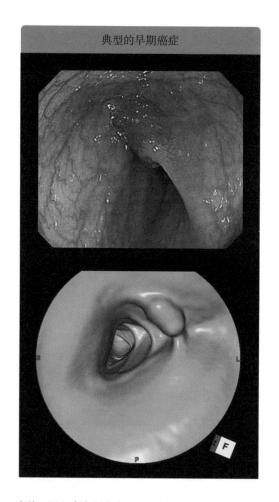

出处：国立癌症研究中心　饭沼元

图 3-7　虚拟肠镜图像（下）与大肠内窥镜图像

8. 肠道细菌疗法

肠道细菌参与神经疑难疾病、心脏疾病治疗

肠道细菌疗法是一种向大肠注入肠道菌群，调整肠部环境，治疗和预防疾病的治疗方法。有研究报告表明，肠道菌群中的正常菌群紊乱是腹泻、便秘、肥胖的主要原因。最近又有研究结果证明，肠道菌群不仅会导致溃疡性大肠炎、过敏性肠炎等疑难疾病，还会诱发神经系统疾病、冠状动脉疾病等多种疾病。

肠内细菌的注入分为以下几种：粪便的肠内移植，肠内缺少细菌的胶囊移植、治疗肠部菌群疾病的投药等。

日本国内多家医疗机构就粪便移植疗法进行临床试验和研究，研究的对象是容易感染疑难肠道传染病、溃疡性大肠炎的老年住院患者。其中顺天堂大学的研究小组主要对溃疡性大肠炎患者进行粪便移植和抗菌药组合治疗方法的研究。服用抗菌药物后，肠内菌群的数量大幅减少，而移植粪便后，肠内菌群得到极大改善。

治疗过程中，抗菌药服用完毕后，在当日采集的患者粪便中加入 200克左右的生理盐水，制作 400 毫升左右的溶液，将溶液注入阑尾。移植完

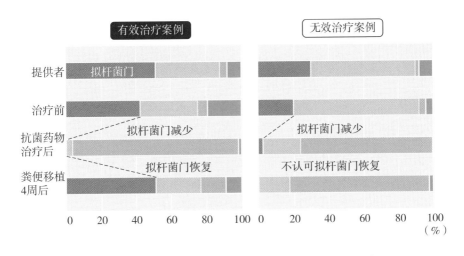

图 3-8　使用粪便移植疗法与抗菌药物后肠内菌群的变化情况

成 6 小时内，用大肠内窥镜检查确认。

迄今为止的临床研究中，约八成完成治疗的患者症状明显改善，研究者对肠道菌群进行分析后发现，与无效菌群相比，有效菌群的主要构成细菌——"拟杆菌门"比例大幅增加，说明患者肠内的菌群逐渐稳定。

顺天堂大学研究小组今后计划开展克罗恩病的粪便移植和抗菌药组合治疗方法。克隆病患者的肠道菌群十分紊乱。

（日经医疗　增谷彩）

9. 非侵入式血糖持续检测

随时监测患者血糖值变化

"非侵入式血糖持续检测"是一种不采血（非侵入式）而直接测定血糖变化的检测手段。该方法在患者腹部、腕部皮下组织安装传感器，通过测定组织间质液的葡萄糖电流转换来模拟血糖数值的上下变动。

2017 年 1 月，患者自己随时测量血糖的"FreeStyle Libre"产品问世，9 月纳入日本保险范畴。该产品由美国雅培公司日本分公司负责销售。使用"FreeStyle Libre"可以不采血而直接实时测定 14 天的血糖数据。"FreeStyle Libre"产品的特征是无需医生，患者自己来管理机器。传感器装入人体后，患者只要用阅读器接触传感器，马上就可以得知当时的血糖数据，还可以了解血糖值升降情况。这款产品有利于预防低血糖，合理控制饮食、控制血糖上升，还可以提醒用户运动时随机应变，甚至可能改变传统的糖尿病治疗。

在"FreeStyle Libre"上市之前，雅培公司于 2016 年 12 月发售了"FreeStyle Libre Pro"产品。这是一款医生专用产品，最长测量时间为 14 天。有专家表示："监测时间为两周的情况下，每周可以对药物的服用量和种类进行调整，分析血糖结果后给患者开出最适合的处方。"这款产品优点良多，既可以持续记录患者的血糖变化，又有助于发现患者夜间低血糖情况。

这两款产品都采用了电流波动极小的设计，不需要刺穿手指修正数值。而以前的产品大多需要刺穿指尖采血，是侵入式的检测方法。

（日经医疗主编　仓泽正树；日经医学　古川涌）

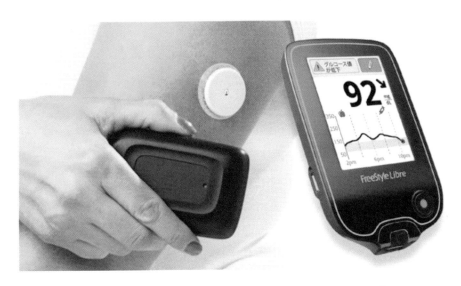

图 3-9　患者随时了解血糖值的测定仪器 "FreeStyle Libre"

10. 血管内造影
主动脉壁夹层症状观察成为可能

"血管内造影技术" 主要用于心绞痛等心血管疾病的诊断，可以测量动脉粥样硬化的量、分布、形状以及血管内膜有无撕裂等。

近年来，"血管内窥镜检查" 发展尤为迅速，还有利用超声波实时观察血管断层图像的 "血管内超声波检查（IVUS）" 技术。两种技术都不需要 X 射线检查，所以患者无需担心放射线的影响，也便于医生观察。该技术 20 世纪 90 年代开始用于临床，技术革新不断进步。

血管内窥镜检查的一大技术革新来源于大冢控股集团（Otsuka Holdings）旗下的 JIMRO 公司。该公司在 2017 年 5 月发售全新血管内窥镜 "angiography IJS 2.2"，新产品采用了 3 MOS 相机和 LED 光源，输出图像高清完美。

血管内窥镜的另一种技术革新就是 "dualinfusion"，冠动脉自然不用提，就连血液大量流动的主动脉也是清晰可见。新技术有利于医生观察主动脉的细微损伤，比如目前为止很难诊断的主动脉夹层的前兆等。

而 IVUS 方面，越过血管病变部位直接插入导管，导管尖端搭载了超声波收发装置，可以缓慢拍摄病变部位图像。超声波的频率从过去的40MHz 提高到 60MHz，分辨率大幅提高、缩短检查时间的新产品也已问世。

高分辨率技术有助于看清血管内壁的粥状动脉硬化分离情况，还可以对改善动脉狭窄的植入支架内膜新生情况轻松做出评价。检查时间短，冠动脉插入时间减少，缺血的风险也极大减轻。

以前诊断心绞痛、心肌梗塞等缺血性心血管疾病时，必须用造影剂填满血管内腔，利用 X 射线照射进行导管冠动脉造影检查，患者不仅被辐射，还不一定能检查出粥状动脉硬化的形状和发展情况。

（日经医学　古川涌）

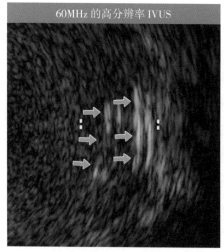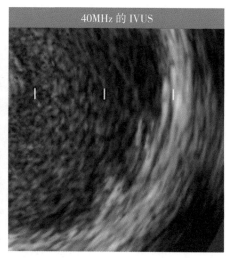

出处：Assist Japan

图 3-10　血管内窥镜检查图像

高分辨率 IVUS（左）可以确认支架位置，方便观察支架位置是否正确，覆盖支架的血管内膜是否新生

11. 基因编辑

几百块钱即可改变基因

使用类似剪刀功能的蛋白质（核酸酶）切断各种生物基因（DNA），基因修复过程中，通过改变DNA序列来修改细胞的遗传因子，或者替换相似的DNA序列，从断处植入从其他生物中取出的DNA序列，这就是基因编辑技术。有了基因编辑技术，人类可以自由改变物种的基因，开发新食品和药物，其在生物领域的应用也在不断拓展。

迄今为止，基因编辑技术历经三代：第一代是"锌指核糖核酸酶（Zinc-Finger Nucleases，ZFN）"技术，第二代是"转录激活因子样效应因子核酸酶（Transcription Activator-Like Effector Nucleases，TALEN）"技术，第三代则是"基因编辑技术（Clustered Regularly Interspaced Short Palindromic Repeats，CRISPR/Cas 9）"技术。其中CRISPR/Cas 9技术可以在短时间内完成基因编辑且价格低廉，很快风靡全球。利用CRISPR/Cas 9技术，人类可以改变植物、鱼、线虫、老鼠、猪、猴子、人等各种物种的基因，技术的普遍适用性也加快了其普及的脚步。

不少国家利用CRISPR/Cas 9技术培养转基因动物，进行重组细胞等试验。该技术不仅用于实际生活中，培育了不少优良品种，通过收集物质生产的高小细胞，进行基因治疗等，还在农林水产、化学、医疗等领域全面开花。

举例来说，使用CRISPR/Cas 9技术可以改变抑制肌肉生长的基因，培育出膘肥体壮、食用部位大增的猪、鲷鱼等。另外，去除先天性黑朦（LCA）——一种疑难眼病异常基因的研究也在进行当中。

以前的转基因技术一般是使用放射线照射多个个体，改变个体的基因特性，选出照射后偶然变异、符合要求的个体（突变体），提取相似的DNA序列进行同源重组，嵌入需要导入的遗传片段。

诸如培育转基因的基因敲除小鼠情况下，同源重组的费用需要300万—500万日元，时间1-2年。随着CRISPR/Cas 9技术的登场，费用仅仅需要

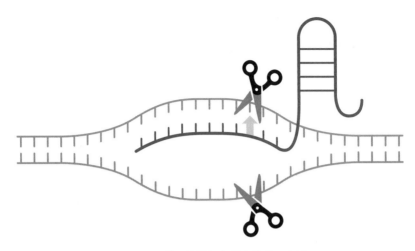

图 3-11　基因编辑切断特定片段示意图

几千日元，时间也缩短到一个月左右。

（日经生物科技副主编　久保田文）

12. 新一代小型测序技术

荒凉野外、宇宙空间轻松低价解析生物遗传信息

"新一代小型测序技术"是高速读取遗传因子、基因组碱基排序的小型装置。

2015 年，英国的牛津纳米孔科技（Oxford Nanopore Technologies）公司全球首发了一款名为 MinION 的产品。MinION 只有手掌大小，与个人电脑连接使用。公司免费提供主机，用户只需要购买 1 千美元 1 张的一次性传感器即可。因为其个头小巧，一改以往的不便，可以在户外使用。为了在宇宙空间实现水的再利用，美国国家航空航天局（NASA）引进 MinION 测定水的污染状况。

牛津纳米孔科技公司 2017 年年末以后会发行更小、更便宜的产品。由于减少了读取基因组（DNA）、核糖核酸（RNA）的传感器的数量，其一次性部分的成本降低了 1/3-1/5。放眼全球，不止牛津纳米孔科技公司一家拥有新一代小型测序技术，日本量子生物系统公司（Quantum Biosystems）

也在着手研发相关技术，我们期待未来市场更加活跃。

遗传因子携带生物体各种功能的蛋白质信息，生物遗传信息的总体——基因组中存在着无数遗传因子。疑难杂症的成因、新药的研发都离不开对遗传因子和基因组的分析。

生物种类不同，基因组的信息总量也不同。人类基因组大约有 30 亿对碱基，这样庞大的基因组检测不得不依靠高速读取技术和"新一代小型测序技术"的支持。从众多基因组片段中读取碱基信息，联网搜索读取的片段信息就可以得到原生物的基因组排序。

高速、大量分析数据的技术迅速普及，但是引进的费用需要数千万日元到数亿日元不等，过于昂贵。但是为了增加基因片段信息，对荧光标识进行光学检测，大型的装置又是必不可少的。MinION 利用特殊蛋白传感器，测定通过单位 DNA、RNA 时的电流，进而完成基因解析。因为简化了读取基因的 CCD 摄像头和激光技术，设备的体积也更加小巧。

（日经生物科技副主编　山崎大作）

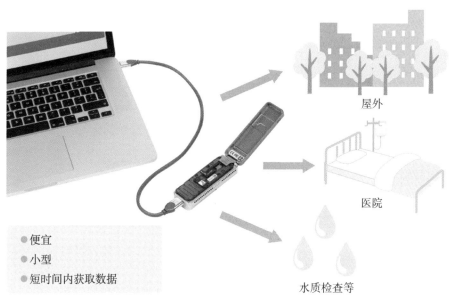

● 便宜
● 小型
● 短时间内获取数据

屋外

医院

水质检查等

出处：英国牛津纳米孔科技提供

图 3-12　MinION 的特点和用途

13. 冷冻电镜（超低温电子显微镜）

创新解析蛋白质等生物分子结构

"冷冻电镜"技术将生物分子等测量物放在零下 200 摄氏度左右的超低温环境中，利用电子束拍摄图像，通过计算机进行分析，最终获得测量物的微小立体结构。冷冻电镜英文名称 Cryo-Electron Microscopy 中的 "cryo" 就是超低温的意思，它自 2013 年年末迅速获得各界关注。

冷冻电镜的分辨率为 1 埃米（0.1 纳米）——接近单个原子大小，可以对蛋白质等生物分子立体结构进行精确解析。解开生物分子、感染症"元凶"的生物分子构造后，对医药品等的开发大有裨益。如果能解开植物光合作用的分子构造，我们甚至可以人工完成光合作用，从太阳光中合成有机物。

冷冻电镜技术的具体使用步骤如下：首先打断解析对象——蛋白质等生物分子的粒子结构，制作嵌入极限粒子的冰冻样品。每个蛋白质分子约为 10 纳米大小，冰冻样品可容纳多个粒子。将样品放入冷冻冰境进行观察，一个晚上的时间，设备可以自动拍摄数百张的高分辨率电子显微镜图像。单张图像上拍有数百个粒子，那么一晚时间拍摄的蛋白质粒子总数将超过 10 万。从中选出几万个完整良好的数据，用计算机进行分析，最终可以获得更详细的立体构造信息。

如果样品品质良好，电镜甚至可以观察到构成分子的原子，观察 1 周左右可以获得 5 埃米分辨率的图像，一个月左右就能得到原子模型。

1 台冷冻电镜需要 1 亿—2 亿日元的投资配套，不少研究机构、大学、制药化工企业已经陆续引进。冷冻电镜行业较为有名的企业包括日本的日本电子（JEOL）等。

冷冻电镜出现之前，科学家主要通过结晶体 X 射线衍射分析法解析生物分子的结构。使用 X 射线照射结晶体后，随着结晶内部密度的不同，X 射线会发生衍射，利用物理原理解析晶体的立体结构。结晶越规则，体积越大，得到的立体结构信息就越详细。不过生物分子的高质量结晶很难得到，所以至今还有不少蛋白的立体结构谜团尚未解开，业界也期待不需要结晶体的冷冻电镜解析更多蛋白的结构。

（日经生物科技高级编辑　河田孝雄）

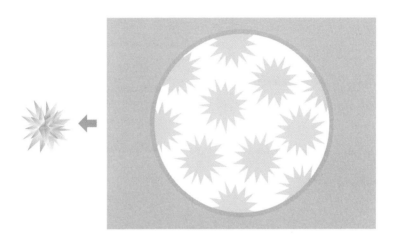

图 3-13　不同方向的生物分子平面图（二维）组成立体图（三维）

二、车辆再生

1. 全固体电池
提高电动汽车性能的创新电池

"全固体电池"的正极与负极之间使用固体电解质材料作为电离子的传输通路，而以往的电池大多使用有机电解液。

业界对全固体电池替代智能手机、电动汽车（EV）锂离子电池充满期待。大部分厂商将在 2020—2025 年进入市场，与 EV 汽车的全面普及时间大致重合。

发展至今，全固体电池的基本性能已经远超现有电池。比如丰田汽车和东京工业大学等共同开发的全固体电池，其能量密度是普通锂电池的 2 倍，输出功率达到 3 倍以上。如果 EV 汽车搭载此款全固体电池，大约 3 分钟就可以完成充电。即使不搭载若干个蓄电池扩充动力储备或者频繁充电，EV 汽车也可以延长行驶距离，这对于减轻车体重量、降低成本十分重要。

海外不少企业也行动起来。汽车零部件巨头德国博世、家电制造商英国戴森（Dyson）分别在 2015—2016 年收购了全固体电池科技公司。美国苹果公司也开始研发全固体电池，苹果公司的研发阵容高达数百人，被视作"iCar"的 EV 汽车未雨绸缪。

全固体电池备受瞩目的原因是，因为其使用了固体材料电解质，与锂电池相比具备更多技术方面的优势。首先是极高的安全性能。全固体电池不会泄漏电解液，几乎没有挥发成分，即使有也不容易起火；固体电解质质地坚硬，不会发生电极析出枝晶导致正负电极短路的情况。此外全固体电池高低温特性优良。无论是 100 摄氏度的高温还是零下 30 摄氏度的低温，锂电池产品完败。

全固体电池的前景被普遍看好，从 30 多年前开始，国内外企业就已

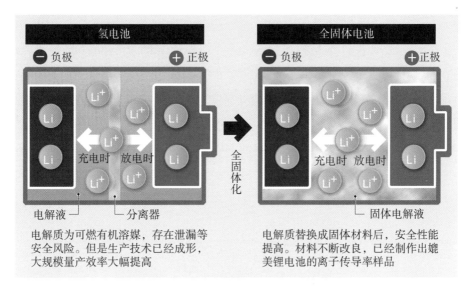

图 3–14　全固体电池与锂电池的比较

经积极投入开发。尽管克服技术难题花费了一定时间，但是超过现有锂电池性能的样品已经成型。另一个难题——制造时间的缩短和量产问题也在积极解决中。

（日经电子工学　野泽哲生）

2. 车载 HUD（抬头数字显示仪）
叠加显示车辆前方景物与信息

车载 HUD 技术是一种新型车载设备，在驾驶员视线前方 2 米左右显示车速、导航等各种信息。车载 HUD 由光源、反射镜、放大镜组成。利用光线的多次反射扩大图像，最终投射在前窗和组合器（显示部分）上。使用车载 HUD 可以减少驾驶中的视线移动，提高驾驶的安全性。

现在宝马、奥迪等欧洲汽车制造商对车载 HUD 的使用态度积极，而日本的汽车制造商则刚刚开始着手使用。2017 年 2 月，铃木推出的全面改良版新车——"WAGON R"轻型汽车首次搭载了松下公司生产的车载 HUD 设备。

HUD 使用范围的扩大推动了厂商竞争的白热化。现在占据 HUD 市场大头的企业有日本精机（轻型汽车）、德国大陆（Continental）、电装等。各家厂商都有生产汽车仪表盘配套的计量器。松下、先锋（Pioneer Corporation）、三菱电机等汽车制造商紧随其后，努力追赶。鉴于今后车载 HUD 可以显示计量器、导航系统等各种信息，各家公司也许在担心"计量器和导航英雄无用武之地"的危机吧。

今后研发的焦点是与 AR（扩展现实）技术的跨界合作，将司机看到的现实风景、各种对象与投射的文字、影像重叠起来。HUD 的各种信息反射到汽车前窗上，与现实对象的位置一一重合。当然，对象物的识别需要借助 ADAS（高级驾驶辅助系统）的相机功能。

据预测，融入 AR 的 HUD 技术将在 2017 年正式登场。最初只是简单的导航，2020 年前后通过显示叠加插画的方式提醒司机有碰撞危险，唤起司机注意力，增加安全信息显示功能。

随着无人驾驶技术的进步，司机操作的时间逐渐缩短，各种新式服务"闪亮登场"。比如"将游戏的角色重叠在自动驾驶时的显示风景中，让驾

出处：德国大陆公司

图 3-15　应用 AR 技术的 HUD 图示

驶时间更加愉快""叠加移动中的周边店铺信息，显示各家店铺广告"等。

（日经 Automotive 高级编辑　高田隆）

3.PHEV/EV

环保汽车竞争白热化

PHEV（Plug in Hybrid Electric Vehicle）是一种"插电式混合动力汽车"，而 EV（Electric Vehicle）专指"电动汽车"。

PHEV 具有电动马达和引擎两种结构，日常的移动中主要使用电动马达，如果行驶距离较长，车辆就会同时启动引擎。丰田汽车的内山田竹志会长在 2017 年 2 月举办的新款"普锐斯 PHV"发布会致辞中提到，"今后环保汽车的主流当属 PHEV"。以新型普锐斯 PHV 为例，一次充电后，汽车使用电动马达的行驶距离（即 EV 行驶距离）比上一代汽车增长了 2 倍以上，约为 68.2 公里（JC08 标准下）。因为前代产品的 EV 行驶距离过短，累计销量只有 75000 台左右，最终惨淡落幕，丰田公司吸取了之前的教训，最终推出新款"普锐斯 PHV"产品，售价约为 326 万日元。上市仅仅一个月时间，已经获得了 12500 台订单。

日产汽车对此持有不同观点。如果 EV 的续航距离延长，长途行驶时不需要充电的话，PHEV 的存在价值就会大大降低。日产汽车 2017 年 9 月发表了新款 EV——"聆风（LEAF）"，EV 行驶距离从 280 公里提升到 400 公里（JC08 标准）。PHEV 和 EV 相比，EV 的发展明显更顺风顺水。影响 EV 价格的电池预计将在 2020 年前大幅降价，降幅高达 1 万日元，2010 年的售价为 8 万—9 万日元。另外，消费者偏爱 EV 的大环境也在逐渐形成，开端是日产汽车 2016 年上市的新车"Note"，该车搭载了混动系统——"ePOWER"，销售情况堪称完美。"Note"只靠电动马达驱动，汽油引擎的用途只是发电，试驾感觉是极致的 EV 体验。消费者适应 ePOWER 系统后，之后的购车也会坚定不移地继续选择 EV。

此外，大众、戴姆勒等德系汽车也开始涉足 EV 领域。大众计划在 2025 年之前投入 50 种以上的 EV，将新车销售中的 EV 比例从现在的 1%

图 3-16　宣传 PHEV 优势的丰田汽车会长内山田竹志

提高到 25%。大洋彼岸，美国的特斯拉从 2017 年 7 月末开始交付 EV 轿车 Model 3，起步价格为 3.5 万美元。

（日经 Automotive　久米秀尚）

4. 多元材料构造
车体重量以百公斤速度锐减

将多种材料组合起来制造汽车车身。这种方法不仅保持了材料的强度和刚性，还可以提高性能、减轻重量。多元材料的世界领导者是德国汽车制造商宝马公司，宝马公司采用碳纤维增强复合材料（CFRP）、高张力钢板、铝合金等轻量材料与普通钢板组合，升级车身设计，比如高端"7"系的车体重量最多减轻了 130 公斤。另一方面，奥迪公司大胆选用铝合金作为轻量材料，用铝合金和高张力钢板等设计车体，运动型多用途车（SUV）"Q7"的重量减轻了 300 公斤。

两家公司积极发展多元材料的原因显而易见，以往的钢板车体技术不管如何提高，车身的重量也难以继续减轻。"汽车的车身形状几乎是固定的，如果想减轻重量，只有在合适位置改用轻量材料这一条路。"（宝马）

不止上述两家公司，所有的汽车制造商、零部件厂商都在寻找合适的轻量技术，这也是出于应对越来越严格的耗油量限制（CO_2排放限制）考虑，多元材料结构减轻车体重量，有利于制造低油耗汽车。

（日经制造副主编　近冈裕）

图 3-17　BMW 的"7"系汽车

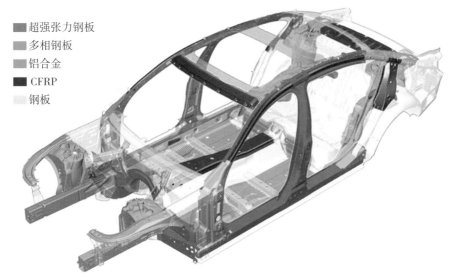

超强张力钢板
多相钢板
铝合金
CFRP
钢板

使用超强张力钢板、多相钢板、铝合金、CFRP、钢板等 5 种材料，提高强度、刚性的同时减轻重量

图 3-18　使用 5 种材料的 BMW "7"系汽车

图 3-19 奥迪 SUV "Q7"

5. 超强张力钢板

车辆中央骨架构造，危急时刻保护驾驶者安全

"超强张力钢板"指的是抗拉强度在 980 兆帕（MPa）以上的钢板，广泛用于车身骨架的生产，不仅控制了车体重量，还可以提高撞击时的安全性。

为了在撞击时保护车内乘客，一般车辆中央部分的骨架会选用超高张力钢板材料，这样的结构有利于缓冲撞击时的巨大冲击力。而车辆的前后部骨架多选用强度低于超高张力的普通钢板，这是车辆设计的基本思路。

瑞典沃尔沃公司在 2016 年首次发售的运动型多用途车（SUV）"XC90"中使用新平台技术——可扩展的平台架构（Scalable Platform Architecture，SPA），使用了"热压成形材料（热成形板材）"的超高张力钢板。"XC90"的车身重量比上一代减轻了 125 千克，碰撞安全性得到极大提高。

热压成形材料的生产过程中，零部件厂商首先需要高温加热抗拉强度在 590 兆帕 –780 兆帕的高张力钢板，变软后冲压成形，迅速放入模具内冷却，提高强度。尽管增加了加热流程，设备成本提高，但是这种材料成形更好、强度更高。现在，1.8GPa 级的钢板已经用于生产。

日本厂商大多使用"冷成形板材"的超高张力钢板。冷成形板材在加工过程中也会通过热处理提高强度，而且零部件厂商可以利用现有设备直接生产骨架配件。但是，冷成形技术一旦提高强度，成形效果就会大打折扣。目前用于制造的冷成形材料主要是 1500 兆帕级及以下。

目前，日本厂商也开始增加热压成形材料的试用范围。根据车型整合平台，利用平台生产多种车型，这样就算使用热压成形材料，费用也不至于过高。

举例来说，丰田汽车开创了车辆设计研发的新架构——丰田新型全球架构（Toyota New Global Architecture，简称"TNGA"），零件进一步标准化，统一车身骨架的高张力钢板用法。首个搭载了 TNGA 的混合动力车（HEV）——四代"普锐斯"就提高了超强张力钢板的使用比例，1500 兆帕级热冲压材料和 980 兆帕级冷成形材料的使用比例从 3% 提高到 19%。

（日经 Automotive 高级编辑　高田隆）

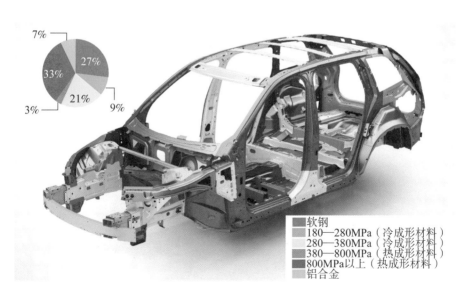

<p>■软钢
■180—280MPa（冷成形材料）
　280—380MPa（冷成形材料）
■380—800MPa（热成形材料）
■800MPa 以上（热成形材料）
■铝合金</p>

图 3-20　沃尔沃新款"XC90"的骨架

6. 第五代移动通信技术（5G）

完善智能网联汽车基础设施

"5G"是现在主流的4G、LTE技术，也就是第四代移动通信系统的新版本，通信速度是现在的30倍以上，可达10Gb/s，终端访问数量可以提高百倍，不仅数据响应的卡顿越来越少，通信的安全性也进一步提高。2020年东京奥运会将会试运行5G技术。

智能手机的增加、视频内容的普及带来流量的几何级增长，家庭内的各种装置、可穿戴技术、环境传感器、汽车等各种"物"与网络连接，也就是所谓的IoT（物联网），设施要求也越来越高。

未来的机器人技术将更精确、更快速地识别车辆靠近，自动避免冲撞，而新技术也将广泛使用在有线线路基础设施、保健和救灾过程中。

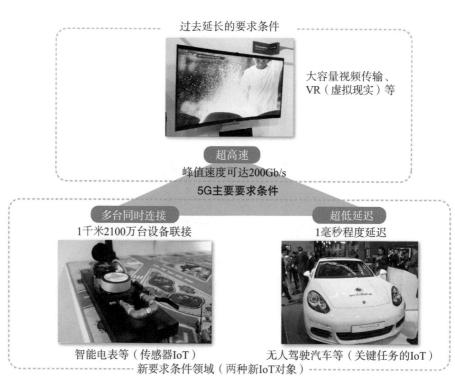

图 3-21　公众期待 5G 技术用于无人驾驶汽车、传感终端

NTT 和丰田汽车在 2017 年 3 月宣布，两家公司将共同研究 5G 智能网联车（车辆连接）技术。两家公司将联手进行多种技术研发，比如收集、分析汽车状态和行驶数据的 IT 技术、5G 汽车标准化技术、边缘计算（在终端的解析）技术的适用性等等。

车载设备的 5G 技术发展也给通信行业带来了活力。KDDI 与丰田正在进行智能网联车通信平台的搭建。软银旗下的分公司——"SBDrive"着手研究 5G 技术的智能网联车应用，还成立了提供远程信息处理系统的分公司。

不过，5G 技术的普及还面临基站等通信设备昂贵的问题，成本削减困难，且现行的 4G 技术也具有类似性能，所以 5G 技术很有可能成为城市"专用"技术。

（日经电子副主编　三宅常之）

7.OTA（Over The Air）

无线更新汽车软件

"OTA"是汽车 ECU（电子控制单元）软件的无线更新技术。

如果应用了 OTA 技术，修补软件故障（bug）时，用户就可以通过无线网络下载更新，在停车等适当的时候更新软件。更新准备就绪后，系统自动在中心显示屏发出提示，用户自行选择是立即安装还是稍后安装。

OTA 技术降低了汽车制造商的漏洞修补成本，也更加方便用户使用。以前如果要更新软件，用户必须将车辆开回 4S 店的修理工厂，通过有线方式才能进行。

OTA 不仅可以修正 bug，还可以升级软件新功能。以美国特斯拉为例，因为事先在车辆上搭载了高性能硬件，软件的更新、功能的升级都可以通过系统完成。特斯拉在 2016 年 11 月发布了"8.0 软件版本"，无人驾驶功能大幅增强。今后,特斯拉将会继续通过 OTA 提供完全无人驾驶软件升级。

OTA 优点众多，但也要看到其在安全方面的问题，毕竟是无线更新软件，一旦有人入侵系统，整辆汽车都会被劫持，事关人的生命。所以强大

图 3-22　对应 OTA 的美国特斯拉汽车

的安全对策是 OTA 不可或缺的。目前最有效的方法是在无线通信模块和车内网络"控域网（Controller Area Network，CAN）"之间增加网关这重新屏障，利用防火墙（firewall）阻止不当登录和软件更新，由网管验证登录端的正当性，防止系统被篡改。有的网关还具有"非法侵入检测"功能。即使对方翻过防火墙，网管也会第一时间检测出不当访问并迅速应对。汽车制造商还可以根据地域、时间段、车型的不正当访问频率，采取更加有效的对策。

（日经 Automotive 副主编　木村雅秀）

8.Super Lean Burn（超稀薄燃烧技术）

汽油车 CO_2 排放量与电动汽车持平

超稀薄燃烧技术是在汽缸空气量达到理论空燃烧比 2 倍以上的情况下，

燃烧稀薄混合气的技术。空燃比指的是空气和燃料的重量比，理论空燃比是最容易燃烧的比例。如果空气量大于理论空燃，发动机的重要指标——热效率就可以大幅提高。

超稀薄燃烧技术是终极发动机燃烧技术，日系汽车制造商大多计划在2020年前后投产。如果实现了超稀薄燃烧技术，百年以来性能缓慢提高的发动机技术将迎来重大飞跃，在几年时间内迅速升级换代。

原则上说，利用电动马达和电池行驶的EV汽车在行驶过程中不会排放CO_2。但是从"从油井到车轮（Well-to-Wheel）"的角度来讲，有观点认为，发电厂排放的CO_2也是汽车排放的一部分，不同国家和地区情况不一，但是EV的汽油发动机优势并不明显。面对EV的普及，有观点认为应该用电动马达和电池来替代汽车技术的核心——发动机。如果能实现超稀薄燃烧的话，这种情况将大不一样。感觉到危机的发动机技术人员也是将超稀薄燃烧技术作为最后的王牌，积极研究。

为了提高超稀薄燃烧的热效率，不仅要提高理论热效率，还需要大幅度降低燃烧温度，这样才能降低筒内气体和筒壁的温差，减少热量损失，还可以减少氮氧化物（NOX）排放。燃烧温度如果低于绝对温度的2000度，几乎没有NOX产生。

不过超稀薄燃烧技术的实现也是困难重重。燃料方面，空气越多，普通的点火设备就越难以点火。超稀薄混合气点火方面，马自达采用了"均质充量压燃（Homogeneous Charge Compression Ignition，HCCI）"技术，不过让汽油燃料自己燃烧是极其困难的挑战。丰田、日产、本田则选择了火花点燃式均匀燃烧手段促进超稀薄燃烧。

在超稀薄燃烧的情况下，发动机扭矩只有理论空燃比的一半。为解决这一问题，马自达建议增大排气量、"扩大规模"以维持扭矩。

（日经 Automotive　清水直茂）

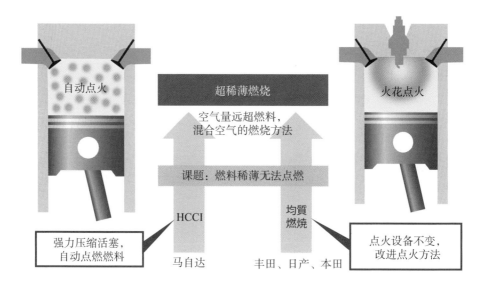

3-23 日系汽车制造商的超稀薄燃烧技术

三、现场再生

1. 数字物流

机器人搬运、分拣货物

数字物流是一项利用机器人和 IT 信息技术将物流作业机械化、辅助工作人员作业的技术。物流现场人手严重不足，数字物流技术也因此备受关注。

现在，物流中心商品的保管、移动、分拣、配送等各个环节都有机器人的"身影"出现。比如在货架前来来回回、自动管理库存的自动卸货机器人，商品箱子外侧贴有 RFID 标签，机器人扫描之后即可获得货物信息。在分拣环节，货架机器人可以灵活地钻到架子下面进行移动。而最近出现的推车机器人可以节省工作人员上架的时间，只要将分拣好的商品放进推车内，推车机器人就会自动追随工作人员的脚步前进，工作人员无需再费力推车行走。

初创企业 ZMP 研发的自动跟随推车机器人 CarriRo 具有"斑嘴鸭模式"，最多可以实现三台推车机器人自动追随工作人员行进。

分拣环节的机械臂、人形机器人技术也有显著进步，机器人自动识别商品的形状后将其装入适当的箱子中。物流中心的主要工作就是分拣，但是不同形状的商品分拣对于机器人来说还有点难，但随着技术的发展，相信这些问题都会迎刃而解。

未来甚至可能还会出现小型无人机、无人驾驶物流车配送的神奇情形，相信无人机将商品送到门口的时代离我们已经不远。

（ITpro 副编辑　川又英纪）

出处：日立物流

图 3-24　跟在作业者后面的
推车机器人

出处：日立物流

图 3-25　读取商品箱 RFID 标签的
自动卸货机器人

出处：日立物流

图 3-26　运输架子的移动货架

2. 农业无人机

空中调查农作物生长状况、喷洒农药

　　农业无人机是小型无人机应用于农业生产的技术总称。利用小型无人机可以掌握作物的生长状况、喷洒农药，大大提高农业效率。农业人口日益减少，小型无人机作为弥补劳动力不足的重要手段，备受业界关注。例如，千叶县香取市的"高桥梨园"就引入小型无人机检查栽培区保护网有无破

损、植物叶片的生长是否健康。工作人员定期检查小型无人机的拍摄图像，如果存在异常，工作人员会马上前往现场进行检查。

整个果园占地面积约为1公顷，主要栽培梨、栗子、猕猴桃等，据园主高桥章浩介绍，"单靠人力走遍整个果园需要约3小时的时间，而小型无人机只用30分钟就可以巡视一遍果园"。小型无人机的价格和操作性也是广受期待的原因。专业无人机的售价大多在100万日元以下，价格亲民。对于农户来说，小型无人机还是廉价的"空中农药喷洒装置"，他们以前大多使用无人直升机喷洒农药，但是无人直升机的价格高达千万日元以上，很多农家都无力购买。

操作简单也是小型无人机迅速普及的重要原因。小型无人机搭载的传感器和相机可以观察机体和周围情况，专业的软件自动控制机体飞行姿势。有些小型无人机还搭载了GPS（全球定位系统）以获得位置信息，按照预先设定的航线自动飞行。相反，操纵无人直升机需要掌握专业技术，而小型无人机对驾驶技术方面没有过多要求。

（日经计算机　冈田薰）

图3-27　操作小型无人机的高桥梨园园主　高桥章浩

3. 无人机外墙检查

5小时完成人工5天的工作量

2018年，小型无人机检查建筑外墙老化的机会将会大幅增加。

2017年6月，自治体租用小型无人机，进行了首次日本全国外墙检查。静冈县委托东京都港区的 ERI SOLUTION 公司，对藤枝综合厅舍的外墙进行了一次彻底"体检"。此次检查使用了该公司与天空机器人（SkyRobot）公司在2016年共同研发的技术，该项技术此前已经在其他民间机构"大显身手"。

藤枝综合厅舍是地下1层、地上4层的钢筋混凝土（RC）建筑，楼高约20米，瓷砖外墙此前有过维修历史。确定使用小型无人机前，静冈县分别向高空作业车、吊篮、脚手架行业的多家公司进行了询价，但是这些方式搭建费用昂贵，而且高空作业有危险，问题重重。

此次外墙检查使用的小型无人机是"中国DJI"的"精灵4"产品，除

图 3-28　静冈县进行外墙调查

图 3-29　调查中使用的"中国 DJI"小型无人机"精灵 4"

了标准装载的 4K 照相机外，"精灵 4"还搭载了红外线照相机。4K 照相机图像主要用于检查有无裂痕和老化，红外线照相机图像则用来测量墙体表面温度，从表面温度差来推断材料有无浮翘和剥离情况。

　　单面墙的拍摄时间是 10-15 分钟，这次小型无人机检查完全部外墙只花费了 4-5 小时。静冈县在决定使用小型无人机前曾经咨询过高空作业车、吊篮等公司，各方表示完成检查至少需要 5 天时间。

日经建筑　谷口理惠（音译）

4.基础设施机器人

取代人类运输钢筋、进行水中作业

　　基础设施机器人广泛应用于施工、检查、灾害调查等领域，以节省人力和高效工作为主要目标。在日本劳动力严重不足、老龄化社会不断发展的大背景下，超过人类部分能力的机器人陆续登场。

　　清水建设与奈良市 Activelink 公司、横滨市 SC Machinery 公司共同研发了钢筋机器人。作业人员只需要用很小的力气就可以自由搬运最多250公斤的钢筋：1人负责操作机器人，2人固定钢筋两端，3人就可以完成整项工作，而以前至少需要七八个人才能挪动同等重量的钢筋。

钢筋机器人之所以能配合人的动作、辅助作业，主要依靠的是内置于机器人的马达和控制软件。操作人员操作把手，指挥机器人的力量方向和用力大小。收到指令后，位于机器人臂肩和肘部的马达开始运转，向操作人员的指令方向发力。

安藤 Hazama（Hazama Ando）公司与千叶县八街市的栗田凿岩机（Kurita Sakuganki）公司共同研发出一款名为"海豹"的机器人，可以在水中修整、加粗混凝土表面，此前水库大坝取水设备的重修工程中首次使用了此项技术。

"海豹"主要用在新旧混凝土黏结的"修整"作业中，与潜水员潜入

出处：日经建筑

图 3-30　模仿人类手腕的"配筋助手机器人"

出处：安藤 Hazama

图 3-31　水中浇筑混凝土墙面的机器人"海豹"

水下作业相比，工作效率提高了 3 倍。机器人机身后方的螺旋桨还会产生推进力，像锤子一样敲打混凝土表面。

（日经建筑　长谷川瑶子）

5.BIM（Building Information Modeling，建筑信息化管理）
辅助规划、设计、施工、维护管理建筑物

BIM 技术涉及建筑物的三维建模，存储施工材料、设备机器规格、维修检查记录等各项数据，从建筑物的规划、设计、施工到维护管理等，是一系列复杂工序的辅助工具，能够一揽子长期管理持久使用的重要资料。

以大型建筑公司、建筑设计事务所为中心，使用 BIM 这种提高业务效率的"利器"的呼声越来越高。比如竹中工务店就计划为设计和施工双方

第 1 阶段

第 2 阶段

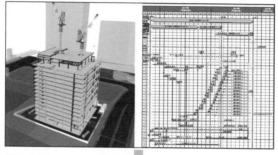

第 3 阶段

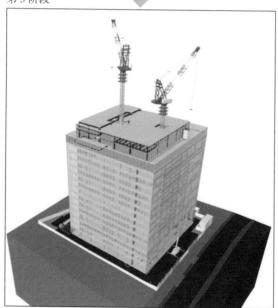

出处：鹿岛

图 3-32　应用 BIM 和人工智能技术，自动设计施工方案

引入 BIM 模型，根据设计和施工方的不同需求建立不同的 BIM 模型。为了确保两个 BIM 模型的完整性，公司将提供专业软件进行辅助，保证不干涉双方事务。

设备管理和 BIM 结合使用的例子也很吸引眼球。安井建筑设计事务所（Yasui Architects & Engineers）基本设计阶段的项目，有九成以上都建立了 BIM 模型，东京事务所还将地震仪和 BIM 模型结合起来，监测结构的安全性。

鹿岛（KAJIMA DESIGN）公司使用 BIM 模型提高施工规划的效率。鹿岛公司的所有施工现场已经全面引入 BIM 技术，从 2017 年起，公司与三菱综合研究所合作，将 BIM 模型与机器学习等人工智能（AI）技术结合起来，原本需要一周才能完成的施工计划，现在只需要几分钟就可以制作出多套方案。

整个过程具体可以分为三个阶段：在第一阶段确认起重机等设备的配置；第二阶段结合工程信息，制订施工各阶段的具体计划；第三阶段利用机器学习技术，优化临时方案和工程计划。

（日经建筑副主编　森清）

6.ZEH（Net Zero Energy House，净零能耗建筑）
判断、设计辅助服务全面上线

ZEH 是 Net Zero Energy House 的缩写，简称"零能建筑"。从建筑日常使用热水、空调、照明等所消耗的能源总量中减去太阳能发电等所创造的能源，如果一年的差值正负相抵（为 0）的话，这个建筑就是净能耗建筑。

日本政府在 2014 年提出的《能源基本计划》中提到，2020 年前新建的标准住宅全部实现 ZEH 的目标。

与房地产公司息息相关 ZEH 和 BELS（建筑工程节能照明智能控制系统）辅助服务纷纷登场。比如骊住公司就在其提供的设计、申请服务业务中添加了"ZEH 设计支持"一项，于 2017 年 4 月正式开始提供服务。骊住公司简易判定是否符合要求后，继续辅助客户确定正式的 ZEH 内容、提供设计服务、辅助申请 BELS 等。

从事三维建筑 CAD 系统业务的福井计算机（Fukui Computing）的分公司从 2017 年 4 月开始推出了"节能判定服务"，一年的服务费用为 12000 日元（不含税）。访问该公司网站时，登录后输入使用的建材和设备数据，网站会自动计算维护结构性能和单次能源消耗量，也可以判定建筑是否符合 ZEH 和 BELS 标准。

（日经住宅施工副编辑　安井功）

表 3-2　ZEH 设计辅助服务案例

提供服务	类型	商品清单	概要	输出
标准服务	A	简易 ZEH 判定、建议	简易 ZEH 判定（生活计划的简单判定，NG 时提出建议）	简易 ZEH 判定、建议表
	B	零能耗 BELS 申请辅助服务	正式 ZEH 判定，取得零能耗同等（5 星）的 BELS 评价书	BELS 评价书和标签、BELS 申请书 1 份、ZEH 标准判定报告书、外皮、单次能耗测算表
	C	BELS 申请辅助服务	按照期待住宅性能（2 星 -5 星）计算、取得 BELS 评价书	BELS 评价书和标签、BELS 申请书 1 份、外皮、单次能耗测算表
	D	ZEH 设计辅助服务	正式 ZEH 判定（确定图面、按照要求规格进行的正式 ZEH 判定）	BELS 评价书和标签、外皮性能计算书、外皮居室面积计算书、单次能耗测算表
	E	BELS 申请选择（长期优良住宅除外）	长期优良住宅辅助服务追加选择	BELS 评价书和标签、BELS 申请书 1 份

出处：参照骊住公司资料

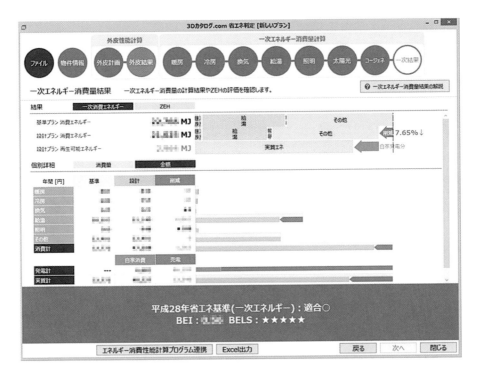

出处：福井计算机

图 3-33　判定是否符合 ZEH 节能标准的服务实例

7. 在线诊断

用于居家诊疗和疑难疾病诊断，有关机构担忧诊断质量

"在线诊断"是利用网络技术，借助电脑和智能手机设备，通过视频聊天的方式提供诊疗的技术，也被称为"远程诊疗"。当然，不局限于"远程诊疗"的情况也在增加。

举例来说，主营医疗、护理信息咨询、招聘的 Medley 网站从 2016 年 2 月开始推出了远程诊疗系统 CLINICS。到 2017 年 6 月，全国大约有 500 家医疗机构加入。患者可以从网站或手机应用中预约诊疗，到了预约时间，双方即可通过视频聊天的方式开始"看病"了。

在线诊断发展的契机是厚生劳动省 2015 年 8 月开放的"关于使用信息通信设备进行的诊疗（即远程诊疗）"业务领域。受此影响，各种医疗机构纷纷加入了在线诊疗的"大军"。

最早的在线诊疗主要用于偏僻地区、离岛等医疗机构难以前往的地区，这也是日本厚生劳动省 1997 年颁布的通知中提到的"远程诊疗对象"。除了上述对象以外的在线诊疗都违反了《医师法》第 20 条的规定，规定要求原则上医生必须对患者进行面对面的诊疗。

受在线诊疗不断普及的影响，在 2018 年度诊疗报酬的修改过程中，其内容首次提及对在线诊疗试验性引入评价机制。不过只要厚生劳动省不修改"面对面诊疗原则"，单靠在线诊疗就结束整个就诊过程的做法可能无法持久。另外，如果发生医疗事故，在线诊疗应该如何应对，以及在线诊疗能否保证诊疗质量等问题都尚不明了。

主营远程医疗服务的 Port-Medical 公司与东京女子医科大学合作，从 2016 年 9 月开始，就城市型远程医疗服务的安全性、有效性、经济效益进行验证研究。

也许这些安全性和有效性的证据链将左右在线诊疗今后的发展方向。

（日经医学在线主编　田岛健；日经医疗　增谷彩）

出处：Medley

图 3-34　远程诊疗系统"CLINICS"患者终端示意图

8. 老年人守护传感器

减轻护理人员负担

老年人守护传感器利用传感器守护老年人的健康，该项技术有效减轻了护理人员的负担，今后将继续普及。

传感器产品可谓琳琅满目，而最近拍摄起居室视频、利用图像处理技术掌握老年人的行动规律，发生坠床、跌倒时迅速向护理人员发出警报的传感器吸引了不少目光。

以金格通信工业（KING TSUSHIN KOGYO）的轮廓守护传感器为例，传感器通过红外线摄像机捕捉卧床老年人的动向，识别起床、起身、下床等动作，向设备终端实时发送视频和通知。考虑到隐私问题，图像只显示轮廓，但是可以辨别老年人的动作。

轮廓守护传感器的导入减少了护理人员不必要的检查。以往大多在老年人的衣服上安装传感器，下床时磁铁脱落，传感器通知护理人员。因为传感器对细小的身体动作也会做出反应，因此护理人员不得不每次都确认被护理人员是否安全。

柯尼卡美能达（KONICA MINOLTA）日本公司的守护系统 Care Support Solution 在天花板上安装了摄像头传感器，密切关注老人的起床、离床、坠床情况，根据呼吸监测身体动作，有意外时及时向护理人员的智能手机发送通知。该款产品也减少了抄写护理记录的负担，利用护理人员携带的终端设备，通过语音输入、设备测量的无线通信，电子化记录护理情况，并实现信息的共享。

老年人守护传感器是机器对人的关怀，也是广义护理机器人的一种。日本经济产业省和厚生劳动省将 2012—2014 年定为"护理领域机器人技术广泛利用"的 3 年，推动护理机器人技术在移乘护理、辅助移动、辅助排便、辅助洗澡等 5 个领域的迅速发展。

日本在 2017 年 6 月内阁会议决定的《未来投资战略 2017》中提出宏伟目标，要求护理机器人的市场规模在 2020 年前达到 500 亿日元，2030

金格通信工业的
轮廓守护传感器

向员工终端发送
老年人的动作影像

图 3-35　老年人守护传感器实例

年前扩大到约 2600 亿日元。

（日经健康护理主编　村松谦一；日经健康护理　江本哲朗）

9. 视听记录

为电视观众提供个性化服务

"视听记录"是电视的收看数据。利用视听记录，可以推测观众的兴趣、爱好等。2018 年以后，根据视听记录投放目标广告等活动将正式走入人们的生活。

现在是电视与网络连接的时代，用户的各种视听记录很容易收集。2017 年 5 月 30 日，《个人信息保护法》修改法案正式实施，总务省修改了《关于保护发布者 / 接收者个人信息的方针》（即"广播领域指南"）的相关规定。修改后的条款规定，在事前取得用户同意的情况下，有关方面可以利用用户的视听记录。也就是说，视听记录的正式使用具备了制度依据。不过以前的广播大纲明确规定收看、收听节目需要缴费，改正后的方案并没有明确要求，是灰色地带。

视听记录可以衍生出各种新用途，比如"目标广告""收看积分、优惠券""推荐、自动录像""节目反馈"等。举例来说，将电视和手机终端连接，有关方面就可以向手机发送目标广告邮件等。

利用网络的实况转播也成了人们的话题。进一步深化目标广告的理念，通过视听记录推测观众的爱好，及时替换广告内容也是可能的。

（日经新媒体主编　田中正晴）

表 3-3　视听记录的主要预想用途

根据总务省《广播电视领域大纲修正要点》制作

用途	内容
目标广告	根据收看记录、观众属性提供符合需求的广告（在线购买电视剧同款商品、获取拍摄地信息、提供相关信息等）
收看积分、优惠券	根据收看记录累计积分、发放优惠券（根据收看积分获得优惠券，用于购物消费、电视台节目收看优惠等）
推荐、自动录像	根据收看记录、观众属性自动录制推荐节目
节目反馈	根据收看记录制作、安排观众喜闻乐见的节目

10. 微型电脑

IoT 时代备受瞩目的电子教材

"微型电脑"的价格只有几千日元，具备最基本的编程和电子功能构造，适合用于编程教学，对编程行业产生了巨大影响。预计 2020 年左右，孩子们可以使用微型计算机自己编写程序、操控电子设备。这样的时代已经不远。

2012 年，以推进计算机教育为宗旨的英国树莓派基金会（The Raspberry Pi Foundation）推出了一款名为"树莓派（Raspberry PI）"的微型电脑，目标是学生人手一台。首代"树莓派 1"定价 35 美元，而最新款的"树莓派 3"依旧维持着 35 美元的良心价格，最近基金会推出了基本款产品——"树莓派 0"，售价仅为 5 美元，高中低档产品一应俱全。低价的原因是产品只保留了基本功能，阉割了其他花哨的功能。

尽管该产品外观朴实，只是一块嵌有各种电子元件的小小电路板，但是它搭载了与家庭液晶电视相连的 HDMI 端口，此外还有 USB 端口，插上鼠标和键盘后可以像电脑一样操作。基本软件都是无偿开放的源码软件（OSS），Linux 操作系统，标配软件大多是孩子容易上手的类型。编程语言选择了"scratch"。此外系统中还预装了免费的热门游戏"我的世界（Minecraft）"和著名的科学计算软件"Mathematica"免费版。

树莓派产品也可以作为 IoT 时代的电子教材使用，它搭载了与传感器等电子设备进行交换的 GPIO 端口，可以控制 LED、信号器、马达等电子产品，还能接收温度、亮度传感器以及麦克风等设备的输入信号。

通过"scratch"语言控制连接机器。如果使用更正规的编程语言，甚至能控制更为复杂的电子元件。

（日经 Linux 主编　冈地伸晃）

图 3-36　树莓派 3 外观
浓缩的基板搭载了最低限度的必要功能

11. 儿童编程语言

微软、苹果公司密切关注的软件

"儿童编程语言"是为首次尝试编程的儿童提供的编程语言。

代表性的儿童编程语言包括"Scratch""我的世界（Minecraft）""Swift Playground"等。

"Scratch"是美国麻省理工学院数码技术研究所"MIT 媒体实验室"开发的儿童教育编程语言。系统预先准备了模块形式的指令积木，画面上移动的角色与模块一一对应，只要在画面上进行组合就可以轻松编程。这种"视觉编程"的手法比使用键盘、输入文字更加容易上手。

"我的世界（Minecraft）"是一款常见的电脑游戏。玩家可以在电脑虚拟空间里搭建建筑或与其他的玩家交流心得，趣味盎然。"我的世界"是

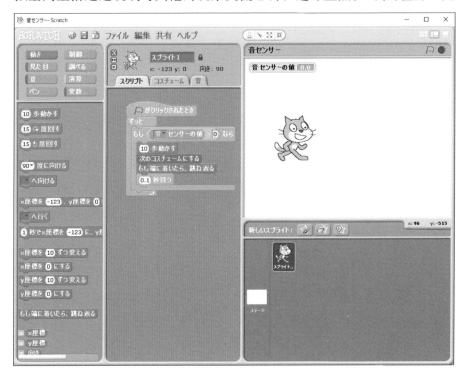

图 3-37　Scratch 画面

组合命令模块，自动编写程序

一款没有固定目的的"箱庭"游戏，以中小学生玩家为中心，在世界各地备受欢迎，目前销量已经超过1.2亿套。微软公司在2014年收购了游戏，2016年11月全球发售"我的世界"教育版。

美国苹果公司也开始出击儿童编程教育市场。"Swift Playground"是苹果公司开发的编程语言，是一款编程学习游戏应用，提供iPad端免费下载服务。该应用搭配了初学者模式，从零开始进行编程教学，即使是没有任何编程基础的孩子，学完就可以编辑简单的应用程序，用户只要对预先搭载的模块进行排列，就可以写出swift程序。习惯之后还可以直接编写程序。

（日经软件主编　久保田浩）

12. 微型火箭
日本饱受阵痛之苦　2018年3月再次发起挑战

微型火箭技术发射的超小型人造卫星重量从数公斤到数十公斤不等，发射高度在2000千米以下，属于低轨道卫星发射技术。日本饱受了微型火箭的"阵痛之苦"。

2017年1月15日，为了验证微型火箭发射技术是否可行，"SS-520"4号机正式点火发射，结果在第二段引擎点火前突然发生故障，发射最终以失败告终。近年来，各国加紧研究卫星火箭发射技术，此次发射失败的原因也受到了各方关注。

下面我们来回顾一下发射当天的经过。2017年1月15日上午8点33分，火箭第一段引擎点火，正式发射升空。发射20.4秒后，遥测仪表数据传输突然中断，发射中心的画面数据显示信息完全消失。故障一直无法排除，发射中心无法掌握火箭的飞行情况，最终决定终止第二段的引擎点火，确认失去动力的火箭落在预定区域。"SS-520"4号机火箭是两段式火箭"SS-520"的改造版，第一段、第二段引擎沿用了现有火箭的部件，只有第三段的引擎是新研发的部分。此次发射也是围绕新开发的部分，希望采用民生技术以降低成本。

已经有过发射成绩的第一段引擎居然在飞行中发生了故障，据日本宇宙航空研究开发机构（JAXA）透露，发生故障的部位很可能是电缆管线周边。电缆管线是连接第一段、第二段引擎结合部分和最上部（第三段马达）设备的电线保护部位。电线主要分布在第二段引擎箱的外侧。这次发射为减轻火箭重量选择了较细的电线，还改变了电线引入孔的位置。

此外工作人员还推测，极有可能电线的外膜损坏、漏出芯线，电线接触金属结构部分导致火箭短路。今后宇宙领域使用民生产品的趋势还会继续，为了发射时不再出现故障，需要重新研究火箭的研发流程。JAXA 已经决定在 2018 年 3 月前再次发射微型火箭。

（日经制造副主编　中山力）

出处：JAXA

图 3-38　"SS-520" 4 号机发射实景

四、建筑再生

1. 天花板的地震对策

防止高风险的天花板坍塌

防止天花板建材掉落的技术，就此建筑行业陆续研发出新的解决方案，这也是因为大地震发生时，天花板风险极高已经成为业界共识（东日本大地震时，震区房屋的天花板相继发生坍塌事故）。目前比较有效的一种对策就是减少天花板电器设备干扰的"レ形支撑结构 Σ（西格玛）耐震天花板施工方法"。这项技术由横滨市史克马机电（SIGMA GIKEN）公司开发。

支撑结构使用了钢筋等制造的加固材料。新方法的部分支撑结构没有

出处：史克马机电

图 3-39 "レ"形支撑结构的天花板结构

出处：大林组

图 3-40　防止曲面天花板坍塌技术——"Fail-Safe Ceiling"使用实例

选择"V"字形，而是对称的"レ"形结构，也有倒"ハ"形状，这种形状更容易避开天花板障碍物。"V"字形支撑结构最为常见，但是天花板内侧安装了空调、照明等多种设备，很难均衡分布在"V"字形支撑结构中。

新方法采用形状独特的五金配件，匹配特定形状的天花板。经过龙骨方向单向承重测试，容许承载力高达 5090N。

此外，大林组（Obayashi Corporation）研发出了地震时曲面天花板的防坍塌技术，是"Fail-Safe Ceiling"技术的改良版。天花板下方设有铝合金扁钢和防护网等，防止天花板坍塌引发事故。防护网和螺栓的连接部分有角度调整功能，适用于水平面、曲面、倾斜面等各种情况。

（日经住宅施工主编　浅野祐一；日经建筑　菅原由依子）

2. 应对长周期地震动的免震措施

免震橡胶断裂也可以支撑建筑

本节主要介绍针对晃动幅度更大的长周期地震动的免震措施。为了找出顺利挺过长时间摇晃的材料，各家公司进行了大量研究，目的就是在超过预测的大地震来临时，建筑物依然可以岿然不倒。其中有的大型建筑公司就在研究使用免震橡胶材料，测试地震时如果橡胶严重弯曲变形，甚至断裂时的应对之策。

大林组研发出"软着陆免震结构法"，在超过预想的大地震发生时保护免震建筑。免震橡胶因断裂失去功能后，混凝土主体构造体将支撑起整个建筑的重量。软着陆免震结构法中，地下框架梁的上部和地基下部之间保持10-15毫米的狭窄缝隙，在上下结构表面分别安装了滑动板。

大地震中，如果免震橡胶发生巨大变形，甚至断裂，混凝土板材直接软着陆在滑动板上，对抗水平方向的摇晃。整个结构完全由混凝土浇筑而成，不需要后期维护。

超高层建筑物为了减轻地震的摇晃影响，使用提高建筑安全性的免震技术时，地震时的摇晃幅度反而增大。

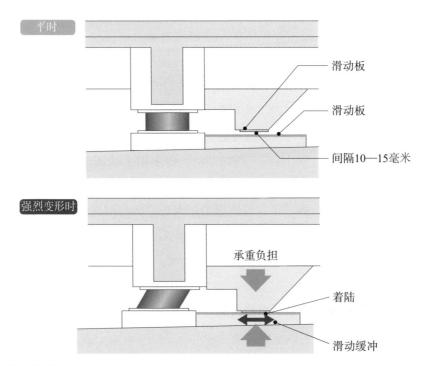

出处：大林组

图3-41　大林组研发的软着陆免震结构

在大阪市区进行的超高层建筑模型模拟演练中，测试熊本地震同样周期的长地震波时，免震层最大相对位移出乎意料地超过了100厘米，京都大学林康裕教授的研究解开了这个谜团。免震建筑和防护墙的间隔通常是60-80厘米，免震层随着摇晃发生位移时，位移距离往往都超过间隙的宽度。

今后仍需进一步研究免震建筑的安全对策。

（日经建筑　江村英哲）

3. 隧道快速掘进

山岳、城市等困难条件下仍然可以保证工期

本节的对象是短时间内隧道快速掘进的技术。为了在困难条件下保障工期，各种挖掘技术被陆续开发并用于实践。

随着磁悬浮中央新干线、东京外环状道路（外环道）东京区间等工程的陆续开工，各种需求开始出现，如覆土大的隧道如何快速掘进，怎样在高透水性地基下拓展隧道宽度等。

山岳隧道的掘进过程中，最受关注的环节当属高精度装药孔的定点、挖掘技术。前田建设工业（MAEDA CORPORATION）在岩手县进行三陆沿岸道路新锹台隧道施工过程中，就首次引进了瑞典产的全自动控制巨型钻头。钻头可以根据设计数据自动钻孔，用三维扫描仪测量爆炸后的隧道截面，再确定下一个钻孔的位置，把多余的挖掘控制在最小限度，土方量减少了10%，搬运时间也随之缩短不少。而且山体挖掘表面凹凸少，非常光滑。其设计的最大截面面积为126.3平方米，更是于2016年2月创下日平均掘进9.5米的纪录。

另一方面，城市的隧道因为不从地上开凿，各家公司都在竞争地下拓宽掘进工艺。其中，前田建设工业研发的"CS-SC施工方法"取得了专利认可。首先在干线隧道外围依次排列小型盾构机，保持与隧道平行的方向掘进，逐渐拓宽隧道。

在CS-SC施工方法中，一半小型盾构机作为"先遣部队"，保持一

出处：大村拓也

图 3-42　使用全自动控制钻车的新锹台隧道

定的间隔掘进。"后方部队"的盾构机随即穿插"先遣部队"的间隙继续挖掘。后进入的盾构机一边打磨相邻盾构机掘出的弓形部分（隧道外墙的弧状表面），一边继续掘进。切削部分使用碳纤维和玻璃纤维代替传统的钢筋，龙骨也选用较轻的骨架，小型盾构机的硬质合金刀完成打磨工序。

盾构机的掘进告一段落后，将盾构机周围的地基冰冻起来，完全没有地下水渗透后，在两条隧道之间配置钢筋，使用混凝土填充，两条隧道连接后，构筑干线隧道外侧坚固的圆形外壳。最后除去干线隧道和外壳之间的土石。

因为山体本身不会暴露，透水性高、相对松散的地区、地下 40 米以上的深度都可以挖掘巨大的空间。此外，这种施工工艺还可以用于干线隧道和支线隧道分流、合流的区间。

（日经建筑副主编　濑川滋）

214

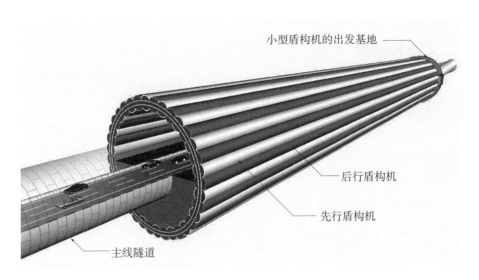

出处：前田建设工业

图 3-43　CS-SC 施工方法地下拓宽掘进示意图

出处：前田建设工业

图 3-44　后行盾构机一边掘进，一边打磨水泥的实景图

4. 向上盾构法

避免干扰地面、修筑竖井施工

本节主要介绍大成建设（TAISEI Corporation）开发的"井内回收型向上盾构法"。为了减少地面设备和对交通的影响，"井内回收型向上盾构法"从地下隧道垂直向上施工，在竖井和"人"字形施工井中不断掘进。适合在密集的市区施工使用。

大成建设在大阪市干线下水管道施工过程中，共挖掘了 3 口竖井，按照原理施工，这也是向上盾构法首次用于实践，挖掘直径为 3.15 米，掘进速度是每分钟 48 毫米。

从下水道干线隧道向地上方向，将完成竖井挖掘作业的盾构机吊下来再次送回隧道。吊下来的步骤也就是施工方法的崭新之处，盾构机是铰接构造，内外结构很容易拆开。

出处：大成建设

图 3-45　使用链动滑轮将竖井向上挖掘的盾构机重新吊回井中

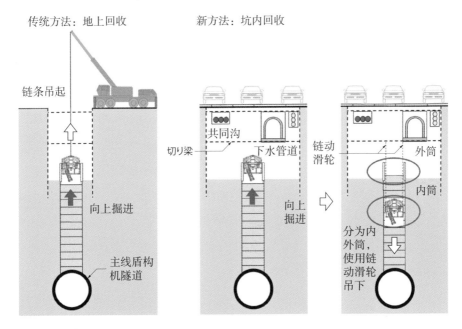

传统方法：地上回收　　　新方法：坑内回收

链条吊起

向上掘进

主线盾构
机隧道

共同沟

切り梁

下水管道

向上
掘进

链动
滑轮

外筒

内筒

分为内
外筒，
使用链
动滑轮
吊下

出处：大成建设

图 3-46　新旧施工方法的区别

　　具体的步骤是，首先将硬质合金刀的外周卸下，缩小半径，继而将内结构整体送回隧道。然后拆卸外部结构，再次沿着竖井吊下来。送回隧道的盾构机在干线隧道内穿梭，在隧道内运输材料，或者到另外的竖井继续掘进。

　　以前，挖掘竖井的向上盾构机必须使用大型起重机才能吊起回收，新方法避免了拆除地表浅处的管线或者进行交通管制等消极影响。

（日经建筑副主编　濑川滋）

5. 不凝固的混凝土

避免建筑出现有害裂纹

本节介绍的是浇筑不凝固的混凝土后，再叠加普通混凝土的施工方法。本项技术由位于东京都墨田区的"日本混凝土技术（Japan Concrete Technology）"开发，可以防止钢筋混凝土结构的钢筋腐蚀，防止出现裂缝。

这种"ND 缓凝剂施工方法"的具体步骤是，首先在底板上浇筑厚度50 厘米左右的预拌混凝土，添加氧羧酸盐缓凝剂，最长可以将混凝土的状态持续维持 14 天。在预拌混凝土上浇筑普通混凝土，混凝土受冷收缩，但是因为下部的混凝土尚未凝固，可以有效防止裂缝产生。

在桥柱和梁底使用不凝固的混凝土材料后进行测试，测试内容为混凝土对 1 平方毫米面积的拉伸力。结果显示，桥柱的最大拉伸力是 0.99 牛顿，梁底是 1.73 牛顿，大幅低于普通混凝土的拉伸强度，所以不会产生裂缝。

以前施工时，因为混凝土的温度逐渐降低，先浇筑的下方底板处的混凝土无法自由收缩，导致混凝土内部发生拉伸，产生裂缝。对策方面，有的技术在混凝土内部预留了裂缝空间，尽管裂缝的产生在计划之内，但是承重物性能和美观方面都受到影响。

（日经建筑副主编　濑川滋）

出处：日经建设

图 3-47　使用添加缓凝剂的"不凝固混凝土"浇灌桥脚梁底实景图

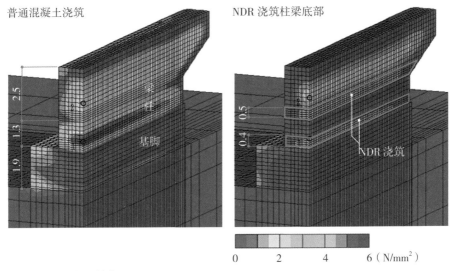

普通混凝土浇筑   NDR 浇筑柱梁底部

0   2   4   6（N/mm²）

出处：日本混凝土技术

图 3-48   混凝土内部拉伸力的差别

6. 半预制

施工省力、工期缩短

"半预制"法需要提前在工厂制造混凝土构件的外侧部分，现场在内侧填充混凝土，继而完成施工。这种工艺结合了在现场搭建模板和钢筋、浇筑预拌混凝土的"现浇"法，在工厂制造混凝土部件直接搬进现场的"预制"法双重优点。

清水建设负责东京外环环路（环道）千叶区间的工程，箱形涵洞的侧壁施工就使用了"半预制"法。由于在内部加进高密度的剪力钢筋十分困难，所以用钢板代替钢筋。利用 PBL（剪力键）将预制板材和现浇混凝土合二为一。连接部件水平方向的钢筋使用机械式接口在现场连接。墙壁的延长部分每 10 米浇筑一次混凝土。与现场浇筑相比，"半预制"法的施工时间缩短了 1/4。

由于墙壁厚度超过 2 米，所以全部预制会导致重量过重，普通起重机没法吊起。综合各项因素，清水建设最终选择了半预制方法。

半预制法可以达到施工现场省力的目的，不容易受天气影响，还可以缩短工期。但是加上现场搭设和交通管制等成本的话，预制的费用与现浇大致相同。

（日经建筑副主编　青野昌行）

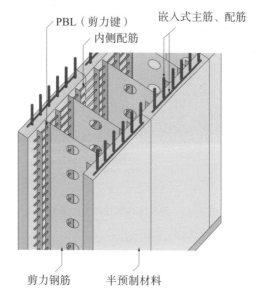

出处：清水建设

图 3-49　外环道采用的半预制材料

出处：清水建设

图 3-50　大型箱形涵洞侧壁的半预制材料

7. 地聚合物现场灌注施工法

使用工业副产品制造混凝土

"地聚合物现场灌注施工法"指的是现场进行不含水泥地聚合物"浇筑"的施工方法。地聚合物的原料包括煤炭火力发电站的粉煤灰、炼钢厂的高炉炉渣、城市垃圾焚烧灰烬等，不含任何水泥成分。

2016 年，西松建设（Nishimatsu Construction）和大林组、大阪煤气（Osaka Gas）三家公司首次使用新型施工方法在现场进行地聚合物浇筑，配合材料凝固的特殊溶液，可以在常温中养护材料且强度保持不变。

到现在为止，地聚合物仅限于预制产品使用。这主要是因为工业副产品和水玻璃等材料搅拌后凝固时间缩短、为了保证材料强度需要高温养护等难题。

出处：西松建设

图 3-51　大阪燃气泉北第一工厂内地聚合物浇筑混凝土板现场

出处：西松建设

图 3-52　地聚合物预混材料投入搅拌机

地聚合物是西松建设和香川县 Sanuki 市的日本兴业集团（NIHON KOGYO）在 2012 年共同研发的混凝土材料。充分利用工业副产品，省略填埋处理工序，是有效利用的典范。

与水泥相比，地聚合物钙成分较少，具有优良的耐酸性，且耐高温，适合作为防火材料。因为没有水泥成分，制造过程中 CO_2 排放量大幅减少。据西松建设透露，CO_2 排放量可以减少六成以上。

（日经建筑副主编　真锅政彦）

8. 绿色基础设施

实现人工结构的自然多功能性

"绿色基础设施"广泛利用了自然环境的各种功能，是社会资本（基础设施）完备、土地得到充分利用的概念。2015 年 8 月，日本内阁会议公布的国土计划中首次使用"绿色基础设施"一词，已经成为公共事业不可忽视的重要一项。自然河流治理、蓄洪池、屋顶绿化、具有净化能力的湿地、可再生能源等，绿色基础设施的构成要素分布广泛。

举例来说，Grand Mall Park 坐落于横滨市"港未来中央地区（Minatomirai）"的横滨美术馆前。2016 年 3 月，这里被改造成绿色基础设施空间。通过侧沟排走的雨水浇灌树木，透过保水性路面蒸发地下存蓄的雨水，利用汽化吸热的原理降温，让人倍感凉爽。

修建城市绿色基础设施时，最重要的一点就是在人工结构中利用自然的多种功能。位于东京都丰岛区的 Grand Mall 就利用了东邦莱奥开发的"J 混合施工方法"。连接树根和雨水蓄积槽，蓄积槽还可以起到植物盆栽容器的作用。蓄积槽外侧涂满了再生碎石表面的有机物"腐殖"物，使用了防堵塞材料。与通常的碎石相比，蓄积量提高了 1.4 倍。

（日经建筑副主编　真锅政彦）

出处：日经建筑

图 3-53　重建的"Grand Mall Park"

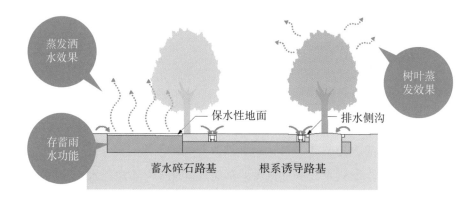

出处：横滨市三菱地所设计

图 3-54 "Grand Mall Park" 水循环示意图

9. 住户快递柜

降低二次配送率，受到各界瞩目

用户不在家时，住户快递柜可以代为收取快递，一户一箱。长久以来，快递员的长时间劳动已经成为严重的社会问题，快递费的上调与人们的生活密切相关，关注度也不断提高。

2017 年 6 月，松下集团公布了以福井县 Awara 市双职工家庭为实验对象、安装住户快递柜后的相关实验数据。二次投递率减少到原来的六分之一。2017 年 2 月，实验中期报告公布以后，配合快递行业二次投递即将收费的报道，松下公司快递柜的订货蜂拥而至，新产品的发售也因此延期。

大型住宅公司也陆续在分期付款的住宅中配备快递柜。大和房屋集团（Daiwa House）在 2017 年 2 月、桧家控股（Hinokiya-Holdings）在同年 3 月分别宣布引入住户快递柜。

住户快递柜分为多种类型，比如存储大件行李的固定式、门柱式、壁挂式、嵌入式等。从机构上可以分为机械式和电动式。机械式不需要电力布线等，设置简单，是目前的主流产品。

不过电动式快递柜的需求不断增加，有的公司甚至考虑要不要在快递柜中安装一个冰箱。日前就有公司宣布，在高级公寓的 24 小时快递柜系统中增加冷藏功能的电动快递柜。

（日经住宅建筑副主编　安井功）

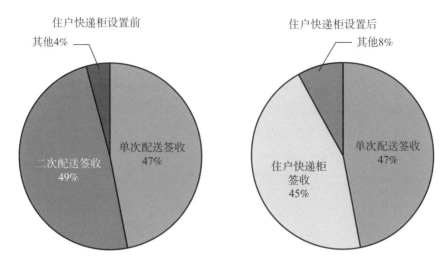

住户快递柜设置前

其他4%

二次配送签收
49%

单次配送签收
47%

住户快递柜设置后

其他8%

住户快递柜
签收
45%

单次配送签收
47%

出处：松下集团资料改编

图 3-55　双职工家庭快递柜验证实验结果

出处：松下公司

图 3-56　固定式快递柜可以容纳大件快递

五、IT 再生

1.RPA（Robotic Process Automation，机器人流程自动化）
使用计算机完成自动化作业

RPA 是利用机器人自动化处理业务的技术，不过这里的机器人特指软件。自动化软件通过电脑处理公司固定业务。RPA 作为工作方式的重要改革手段，有利于提高白领的事务性工作效率，备受瞩目。

举例来说，"从多个信息系统中提取数据统计到表格软件中""将一个信息系统的数据输入到另一个系统中""检索网站，复制画面数据"，这些都是 RPA 的具体应用。

打开 RPA 软件，工作人员首先操作鼠标、键盘实际演示一遍需要系统替代完成的工作，RPA 记忆工作流程后，在指定时间就可以自动开始工作。RPA 软件的价格只有数十万日元，引入的门槛并不高，而且不需要操作者掌握编程技巧，研发小白也可以轻松上手。

日本生命保险（Nippon Life Insurance）已经在银行柜台销售部门引入了 RPA 软件，收到投保人的索赔请求后，系统自动录入保单信息。平时工作人员至少几分钟才能完成的工作，系统只要 20 秒就能完成全部操作。欧力士集团业务的共享服务中心——欧力士冲绳商务中心也计划引入 RPA 软件。

会计、人事、总务等业务的外包企业——"BPO（Business Process Outsourcing）"供应商对 RPA 软件的使用态度积极。例如，日立集团（HITACHI）等业务的外包公司简柏特（Genpact Japan Service）就利用 RPA 软件，在 12 台电脑上记录了 300 多家公司的 10000 余件数据，如此繁杂的工作量，顶峰的时候曾经需要十几个员工加班才能完成，而全面使用 RPA 软件后，公司的加班记录瞬间归零。

图 3-57　BPO 供应商简柏特 RPA 专用房间

普及 RPA 的团体陆续成立，越来越多的 IT 供应商和咨询公司也开始提供辅助服务。

（日经计算机　西村崇）

2. 网络情报

收集攻击信息，提前制定预案

网络情报技术主要搜集攻击服务器的敌方信息。掌握"谁以何种目的、何种方法发动攻击"等信息后，在下次遭受攻击之前事先加强防护，提高应对网络攻击的防御力。

下面通过一个利用网络情报技术止损的案例进行详细说明。两年前，伪装成复合机信息的攻击邮件陆续发送到各大企业和事业团体，不少网银账号"中招"后汇款，损失金额不断增加。与此相对的是，部分金融机构和航空公司在攻击邮件开始的两个月前掌握了信息，事先制定了周密的预案，最终"幸免于难"。

网络情报的海量信息可以分成三类，即 OSINT（open-source intelligence，公开资源情报）、SIGINT（signals intelligence，信号情报）、HUMINT（human intelligence，人工情报）。OSINT 指的是新闻、白皮书、病毒报告网站等公开发布的信息，SIGINT 是安全产品、传感器监测到的计算机信息，HUMINT 是攻击者或调查者等透露的信息。过去类似安全事故（事件）的应对经验也属于网络情报的范畴。从攻击者的立场分析、整理一系列信息，逐渐靠近"看不见、摸不着"的攻击者。

利用网络情报提出解决方案的产品和服务也陆续出现。比如美国火眼（FireEye）公司就在网络情报的基础之上，推出了简化安全防护云服务"Fire Eye HELIX"。对防火墙、终端杀毒软件、IDS（入侵检测系统）等安全产品进行痕迹分析，一旦检测到网络攻击，系统在最短时间内自动开启防护。

俄罗斯卡巴斯基研究所（Kaspersky Lab）提供的"威胁信息查找服务"也离不开网络情报技术，将杂凑值、URL 等碎片信息作为突破口，在卡巴斯基网络情报数据库中检索相关信息。

（日经 SYSTEMS 主编　森重和春）

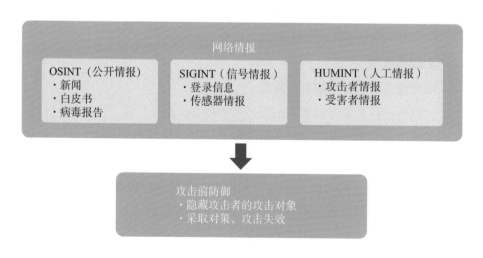

图 3-58　网络情报的具体分支

3.Web/ 邮件安全化

保护用户电脑

Web/ 邮件安全化是一项防止感染计算机病毒的技术，用户即使不小心访问了黑客精心伪装的 Web 网站，或者接收了黑客发送的病毒邮件也可以保障安全。

从大方向上来看，"无害化"包括两种，一种是防止访问 Web 感染病毒的 "Web 无害化"，另一种是防止下载电子附件文件或点击正文链接感染病毒的 "邮件无害化"。

Web 无害化方面，用户电脑需要和 Web 的访问环境区分开来。用户浏览网页时，访问环境自动切换成网站模式，系统向用户电脑发送的只是浏览画面的信息。这样即使用户登录了病毒网站，病毒也会自动被访问环境过滤，就不会感染电脑了。

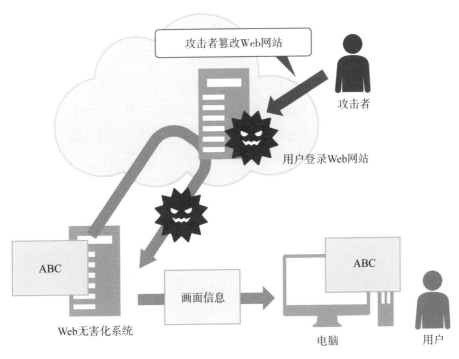

图 3–59　Web 无害化原理

邮件无害化可以细分为邮件附件、正文全部无害化和任一一方无害化两种情况。主要是将邮件文字和附件转换为图像，这样病毒的攻击就无济于事。邮件无害化方面，系统会临时显示邮件文字和附件，随即将邮件正文转化为图像数据，附件内容图像重新粘贴成 PDF 或 Word，再次发送给用户。不过用户虽然可以正常阅读邮件内容，但是文中的一切链接都无法点击。

此外还有攻击手段失效等多种对策，系统删除隐藏域 HTML 邮件中的攻击程序，把 HTML 邮件转换为文本邮件，删除邮件中的链接，将附件的宏无效化等等。

（日经 NETWORK 主编　胜村幸博）

4. 无基板组装

提高电子设备设计自由度

电子设备生产过程中，不使用印刷布线基板而直接组装各种电子元件，最终制造出具有电子功能的设备，这就是"无基板组装"技术。无基板组装技术通过印刷手段直接布线，将各个零部件连接起来，外壳作为布线、组装的主要载体，省去了此前常用的电子基板。

时至今日，无基板组装的各项技术与时俱进。比如产业巨头欧姆龙就在 2016 年发布了无基板组装技术，用于本公司的 IoT 传感设备、可穿戴设备的制造，预计 2018 年正式投入使用。将 IC 等电子零件嵌入到注塑件中，利用喷墨印刷技术完成布线和连接。省去了基板这个"大件"之后，产品更加轻薄、小巧、轻量。这项技术不仅省去了基板安装到外壳上的复杂工序，使用印刷技术也更容易改变布线，适合少量多品种生产。

除了上述方法外，也有人提出直接在外壳上布线。例如在专用树脂注塑件上通过激光、电镀的方式完成布线，这就是"激光直接成型（Laser Direct Structuring, LDS）"技术。LDS 适合在手机外壳、零件上嵌入天线，打造更薄更小巧的商品。也有人建议使用 LDS 技术在半导体塑装上嵌入天线。如果无线芯片、零件都收纳在外壳的交叉电路上，外包装上的信号线就失去了存在的必要，当然也就不再需要基板上的信号布线了。

无基板组装技术的研发如火如荼，这与厂商不断摸索多样化电子组装手段的努力密不可分，例如在机器人和汽车领域，传感器、促进器、电子线路的一体化进程就在不断发展。外壳与触摸屏、显示器的一体化也在考虑之列。

无基板组装技术符合智能手机搭载高性能半导体的趋势要求。内存、专用集成电路（Application Specific Integrated Circuits，ASIC）、电流回路等处理器的 IC、外包装已经使用了这一技术。IC 之间、IC 和被动元件的"桥梁"——印刷布线基板的作用也在减弱。

无基板技术的普及也改变了生产。设计、制造印刷布线基板的技术日渐式微，一方面，这为想加入 IoT 功能的非电子厂家带来了福音，电子功能的导入门槛也再次降低；另一方面，电子设备制造商必须包揽从外壳设计到配线的一条龙流程。

（日经技术在线　宇野麻由子）

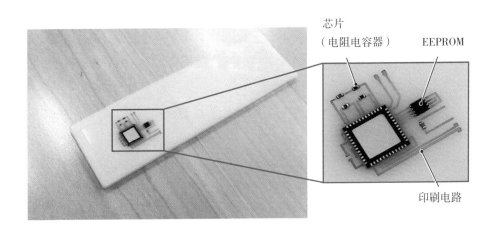

图 3-60　不使用基板进行 IC 配线的欧姆龙产品

5. 纳米压印技术

2019 年实现闪存量产化

"纳米压印技术"是一种新型誊写工艺，像印章一样将模板上雕刻的精细图案压印到材料表面。模板表面事前涂上了薄薄的树脂材料作为衬底，方便压印表面图案。压印过程中需要加热、使热塑性树脂变形的工艺叫"热纳米压印技术"；利用紫外线（UV）照射紫外线硬化树脂成形的技术叫"光纳米压印技术"。热纳米印刷技术也被称为热压花工艺。

美国普林斯顿大学的周郁教授在 1995 年首次使用热纳米压印技术，压印作品的分辨率高达 10 纳米 –50 纳米，此后纳米压印技术作为划时代的精细加工技术开始受到关注。

现在，大面积、低成本的纳米压印技术大踏步前进，不少领域都可以见到它的"身影"。最近，半导体的纳米压印技术应用也开始进入人们的视野。如果一切顺利，最前沿的闪存制造领域最早将在 2019 年进入批量生产的新阶段。

2017 年 2 月末，"先进曝光论坛（SPIE Advanced Lithography 2017）"隆重召开，佳能、大日本印刷（DNP）、东芝内存（旧东芝）以及韩国 SK 海力士半导体（SK HYNIX）等四家公司分别登台介绍了纳米压印技术即将应用于闪存量产的重磅消息。四家企业联手开发纳米压印工艺。会上，佳能和东芝内存分别介绍了已经将芯片的缺陷密度降低到三维 NAND 闪存批量生产标准的 10 倍左右。这已经是 10 年前——2007 年水平的约百万分之一。东芝内存也表示，2019 年将继续降低芯片的缺陷密度，目标设定为现行数值的百分之一。

纳米压印的成本也在不断下降，只是竞争对手——紫外线光刻技术成本的 1/4。另外，针对用主模板制作的"复制品模板"寿命较短的问题，"2018 年末将改善到实用水平"（东芝存储）。

（日经电子工学　野泽哲生）

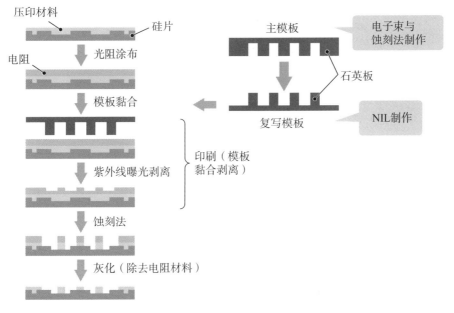

图 3-61　纳米压印示例

6.LPWA

连接广泛区域的多台传感器

"LPWA"是低功率广域网（Low Power Wide Area）的缩写。LPWA 是一种特殊的通信技术，统一配置半径数公里，甚至数百公里广域范围的众多传感器，将收集到的传感器监测数据用于 IoT 通信。

以比萨外卖连锁公司 Strawberry Cones 为例，公司采用 LPWA 技术管理冰箱温度。店铺房檐安装了 LPWA 天线，统一发送或接收店铺与总部的冰箱温度数据等。

LPWA 的通信速度最多每秒只有几十 Kbps，速度缓慢。不过相对的是，LPWA 技术覆盖范围广，通信能力强，普通的市售干电池可以满足系统几年的用电需求，而且其通信成本低廉，每年只有 100 日元左右。所以安装再多的传感器，也不会给用户带来多重的负担。

LPWA 分 为"LoRaWAN（Low Power Wide Area Network）""NB-IoT""SIGFOX"三种，日本国内的使用环境也逐步走上正轨。2017 年，日本

图 3-62　使用 LPWA 进行冷库温度管理

各地相继进行了三种方式的验证实验。京瓷 KCCS 公司更是从 2017 年 2 月开始就提供 SIGFOX 商用服务了。

从前的广域通信大多依赖 3G 和 LTE 等手机通信方式，因为语音通话、高速数据通信边移动边通信，费用比较高昂。更便宜的通信技术有无线 LAN 和蓝牙技术，但是输出功率有限，广域范围的传感器设置十分困难。

（日经计算机　金子宽人）

7.Bluetooth

适应 IoT 需求，强化无线规格

Bluetooth 技术的频段是 2.4GHz，是覆盖半径为 10–100 米距离的通信规格。中文译法为"蓝牙"。为了减少电波干扰，Bluetooth 频段范围内设置了多个频道（最初规格确定为 79 个频道，后来的 BLE 有 40 个频道），机器连接的周波数随机改变，这种技术也叫"无限跳频技术"。

2016 年 12 月公开的新版本——"Bluetooth5"为了适用 IoT 的需求，功能被进一步强化。与 4.2 版本的"蓝牙低能耗（Bluetooth Low Energy，BLE）"技术相比，"5"的数据传输速度高达每秒 2Mbps，是 BLE 的两倍，但是电力消耗却与 BLE 相同。另外，"5"的通信距离延长到四倍。通信距离受发射功率规定影响，比如 BLE 的最大距离是 100 米的话，"5"的距离就可以延伸到 400 米。值得注意的是，传输速度的提高和通信距离的延长不可兼得。此外，与现有版本相比，类似于广播的单方通行、多个终端同时传输数据的"数据广播"（data brobdcast）容量方面，新版本也增加到八倍之多，这是因为更加"重视位置信息服务、导航等用途"。苹果公司 iOS 系统支持的"iBeacon"就是数据广播的具体应用。如果商店设置"iBeacon"发射机，一旦有支持"iBeacon"技术的 iPhone 用户靠近，店铺的服务信息就会自动弹出。

基本上，新版本 Bluetooth 与过去版本兼容。不过 4.0 版本追加的"Low Energy（LE）"动作模块对 3.0 以前的版本并不适用。现在不少电脑和智能手机安装了双重版本，以连接两种 Bluetooth。

Bluetooth 规格的管理团体——"Bluetooth SIG"曾经将 Bluetooth 分

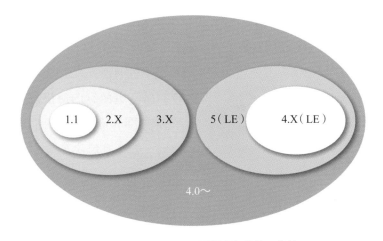

图 3-63 Bluetooth 不同版本规格的互换性

Bluetooth 4.0 版本追加的 "Low Energy（LE）" 与 3.0 以前的版本并不兼容

为传统通信方式的 "Bluetooth" 和 LE 模式的 "Bluetooth Smart" 两种，并且研发了对应两种规格的设备 "Bluetooth Smart Ready"，甚至设计了两款 logo。但是这些名称和 logo 已经在 2016 年全部废止，统一称呼为 "Bluetooth"。

（日经电脑主编　露木久修）

8.SDN/SD-WAN

灵活改变通信网络设定

SDN 是 "Software Defined Network（软件定义网络）" 的缩写，是一种灵活改变通信网络设定的技术。SD-WAN 则是 "Software-defined WAN（软件定义广域网）" 的缩写。SDN 向拥有多个据点的大型企业提供网络服务。随着电子商务和 IoT 的扩大，为了稳定收发海量数据，通信技术的革新不可或缺。SDN 是解决这一问题的关键，全球通信公司和设备厂商都在积极投入研发。

SDN 将通信路径、带宽的控制与数据的传送分隔开，软件负责控制，通信设备负责传送数据。利用 "SD 控制器" 远程向路由器、交换集线器等通信设备发出指令，改变网络结构等，全面监视网络上的设备。

随着公司内部机构改革和布局的变更，电脑、服务器、通信设备的构成和位置常常发生变化。摒弃单个设定的方式，SDN 技术省时省力。以前为了改变结构，市场需要增减设备，甚至更换设备之间的布线，网络上也是对每台设备分别监控。

（日经计算机主编　大和田尚孝；日经商务　高槻芳）

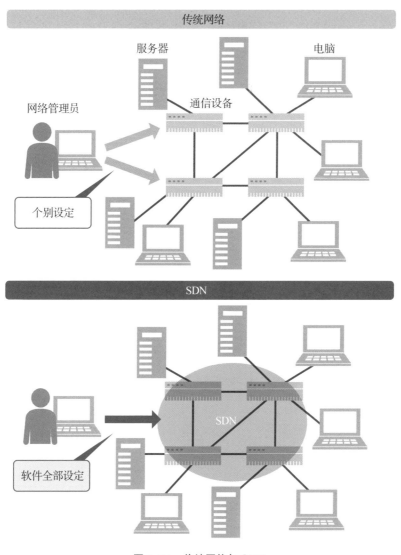

图 3-64　传统网络与 SDN

9. 微服务架构

高频度连续修改软件

随着云服务的普及，"微服务架构"也不断扩展更新，与之搭配使用的是"无服务器架构"。

微服务架构是应用软件中独立性高、各种细微零件部分的集合体。软件的每一个部件被称为"微服务"。每个微服务都拥有与外部连接的通道——接口，微服务之间相互连接，整体作为一个架构活动。举例来说，购物网站一般分为"检索""购物车""顾客管理""商品管理""结算"等多个微服务。根据情况，还可以划分出更小的微服务。各个微服务由计算机云计算资源具体执行，很少与"服务器"发生关系。这种架构就是"无服务器架构"。

在微服务架构的基础上，提高单个微服务的独立性，这样即使修改某些微服务，其他微服务受到的影响也可以控制在最小范围。根据应用程序的需求，可以每月，甚至每周高频率修改微服务，还可以提高某些微服务的性能。另外，即使某个微服务停止工作，比如"网购时检索不了商品"，造成的影响依然可以控制在最小范围，系统还是可以运行。停止的微服务恢复后，系统也随之恢复如初。

无服务器架构使用"平台即服务"的云服务模式。服务器服务、关系数据库服务、人工智能服务……使用的服务已经预先设定完毕。这些服务实际上在云服务商的服务器上运行，云服务商被委托监控服务的正常情况、备份、修复等。

使用代表性的云服务——"亚马逊 AWS（Amazon Web Services）"的"Lambda"时，用户简单登录即可，亚马逊已经准备好了合适容量和处理能力的软件，负责管理软件运行。软件处理结束后，系统会自动释放计算资源，减少浪费、降低价格。不过在实际使用过程中，Lambda 的处理时间受到限制，只能运行系统的一部分。

（日经云服务第一主编　中山秀夫）

10. 量子计算机 / 量子神经网络

梦想计算机研发竞争激烈

"量子计算机"是利用量子力学的原理，将计算能力提高到以往一亿倍以上的计算机。现有的计算机将数据用"0"和"1"组合后处理，而量子计算机则可以在"0"和"1"重叠的状态下进行处理，庞大组合可以同时进行演算。

量子计算机方式可以分为"量子门式"和"量子退火式"。前者与以前的计算机类似，开发各种算法用于各种用途。量子退火式的理论基础是东京工业大学西森秀稔教授和门胁正史教授提倡的理论，用于解决"旅行推销员问题"等"优化排列组合问题"，广受期待的机器学习就是量子退火式的应用成果。

出处：山本喜久

图 3-65　NTT 研发的"量子神经网络"

美国谷歌于 2014 年公布研发出了量子门式量子计算机，2016 年再次宣布研发出了量子退火式计算机。美国 IBM 于 2017 年 5 月试运行了量子门式的量子计算机处理器。2011 年，加拿大的 D-Wave Systems 公司将量子退火式理论商业化。该公司在 2017 年 1 月发售了新机型"D-Wave 2000Q"。信息处理的最小单位"量子比特"增加到原来的 2 倍，约 2000 个，已经有美国安保企业宣布下单购买。

日本国内方面，内阁府在"创新探索科技计划（Im PACT）"中明确提出要推动量子计算机研究。2016 年 10 月，新的量子计算机方式——"激光网络方式"正式对外公布，这是一项将激光转换成脉冲信号用于计算的技术。内阁府量子计算机项目领头人——山本喜久程序经理表示："我们的目标是构筑 10 万个神经元、100 亿个突触构成的量子脑。"

山本项目团队、NTT、国立情报学研究所组成的研究小组在 2016 年 10 月宣布，已经实现 2000 个量子比特的新型量子计算机——"量子神经网络"。新计算机摒弃了超传导电路，使用光脉冲进行处理量子比特数据。因为不使用超传导技术，自然就不需要极低温系统冷却，在常温下就可以运算。机器体积更小，更节省了冷却电力。此外，新计算机具有"量子比特之间全结合"的特点。2000 个量子比特的每一个都与其他 1999 个互相影响。结合总数就是 2000 的平方，约为 400 万个。相比以往的量子计算机，新计算机更有可能解决规模大、种类广的问题。

2018 年年底运行的下一代计算机计划将光脉冲数提高到 10 万个。10 万个量子比特的结合总数将达到 100 亿个。如果将量子比特比作突触，结合后形成神经元来看的话，10 万个神经元、100 亿个突触堪比"量子脑"。

量子神经网络的计算能力在药品研发领域大显身手，尤其是使用在探索药物的重要分支"先导化合物"过程中。引起疾病的蛋白质分子结构目前尚不知晓，促进这种分子结构稳定结合的正是先导化合物，当然这只是药物研发的第一阶段。除此之外，无线通信路径的最优化选择、稀疏编码的天体画像和医疗图像清晰化，证券投资组合的最优化等方面的表现都很值得期待。

（日经计算机副总编　浅川直辉
日经 BP 总研创新 ICT 研究所首席研究员　森侧真一）

出处：D-Wave Systems

图 3-66　加拿大 D-Wave Systems 2017 年 1 月发售的新机型"D-Wave 2000Q"